中國料理

조리기능장·산업기사·기능사 문제 수록

고급호텔중국요리

여경옥 · 정순영 · 복혜자 · 곽정순
이정화 · 이재옥 · 전혜경 · 권귀숙

Chinese Cuisine

백산출판사

머리말

　중국인들은 평생 동안 세 가지를 다하지 못한다고 합니다. 그것은 바로 '한자, 여행, 음식'이라 합니다. 그것은 바로 광활한 대지와 여러 이민족들과의 삶에서 이루어진 제각기 다른 음식문화의 종합이기 때문이며 그들의 체면과 예의, 음식문화를 중하게 여기는 생활문화 때문이라고도 할 수 있지요.

　중국음식은 특히 우리나라 사람들이 즐겨 먹는 한국화한 중국음식으로서 의미가 깊으며 또한 중국 본토의 음식과 많이 다르겠지만 건강과 영양 면에서도 탁월하게 새롭게 개발된 한국화한 것이라서 더욱 좋습니다.

　이 책에 실린 음식은 현재 롯데호텔 중식총괄조리이사 여경옥 Chef가 평소 만들어 서비스해 온 음식들로 구성되었습니다. 특히 호텔요리음식과 가정요리, 고급요리들은 눈에 익거나 맛을 보았던 음식들로 구성되어 있어 친근한 느낌을 주는 것들입니다. 따라서 많은 분들이 집에서든 외식음식 현장에서든 호텔요리와 가정식 요리를 쉽게 만들어볼 수 있도록 하였습니다.

　또한 공저자들이 그동안 교육일선이나 외식음식의 일선에서 가르치고 만들어 서비스해 온 음식들과 조리기능장, 산업기사, 기능사 등의 국가고시 시험문제를 수록하여 시험준비를 하고 있는 전국의 많은 수험자들에게 좋은 안내서가 될 것입니다.

특히 그동안의 기능장과 산업기사 시험 기출문제들 중 음식사진과 요약된 레시피를 ppt와 포토샵으로 처리하여 한눈에 볼 수 있도록 구성하였기에 수험생들의 마음을 사로잡는 완벽한 책이 될 것이라 믿습니다.

출판문화에 평생을 바치신 백산출판사 사장님과 직원분들께 감사드립니다. 또한 사진으로 중국음식을 예술로 승화시킨 이광진 교수님께 감사드립니다. 독자 여러분의 아낌없는 사랑과 목적하신바 뜻을 이루시기를 기원합니다.

2013년 12월

저자일동

차례

Part 3 | 호텔요리

Part 4 | 가정요리

Part 5 | 고급요리

Part

1

이론편

Chapter 1

중국의 음식문화

1. 중국의 지리적 위치와 환경

중국은 인구 13억 명으로 세계 1위이며 면적은 약 960만㎢로 세계에서 네 번째로 큰 국가이다. 수도는 베이징(북경)이고, 한족과 소수민족 등 총 56개 다문화 민족들이 어우러져 살고 있는 국가이다. 또한 중국 내륙의 국경선은 약 22,800km로써, 북한 · 러시아 · 몽골 · 카자흐스탄 · 키르기스스탄 · 타지키스탄 · 아프가니스탄 · 파키스탄 · 인도 · 네팔 · 부탄 · 미얀마 · 라오스 · 베트남 등과 접경하고 있으며, 인접 국가로는 한국 · 일본 · 필리핀 · 말레이시아 · 싱가포르 · 인도네시아 · 태국 · 캄보디아 · 방글라데시 등이 있다. 이러한 지리적 환경 조건은 중국의 경제 발달과 함께 음식문화가 세계로 빠르게 뻗어 나가 발달할 수 있도록 견인하는 역할을 하였다.

중국의 영토는 위도상에서 보면, 북으로 막하(漠河) 이북의 흑룡강(黑龍江) 주도의 중심선인 북위 53°선에서, 남으로 북위 4° 부근 남사군도(南沙群島)의 증모암사(曾母暗沙)에 위치하고 있다. 남북 간의 위도차는 약 50°나 되며, 그 직선거리는 약 5,500 km에 이른다. 중국의 영토는 위도상에서 이렇게 다양한 기후대로 구성되어 있기 때문에 다각경제를 발전시키는 데 유리하였다. 경도상에서 보면, 동으로는 흑룡강과 우수리강(烏蘇里江)이 만나는 지점인 동경 73°선에서, 서로는 신강 위구르자치구(新疆維吾爾自治區) 서부의 파미르고원(帕米爾高原, Parmir Plateau) 부근의 동경 135°선에 위치하고 있다. 동서의 경도차는 62°이고, 그 거리는 약 5,200㎞에 이르며, 시차는 4시간 이상 난다.

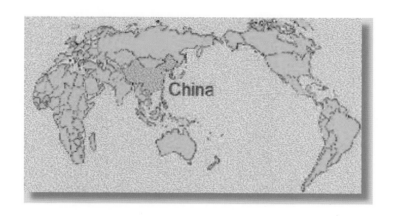

2. 중국의 음식문화

1) 중국의 음식문화

중국인의 주식은 쌀과 밀가루를 위주로 한다. 남방 사람들은 미판(米飯: 쌀밥), 니앤까오(年 : 중국식 설 떡) 등과 같이 쌀밥이나 쌀로 만든 음식을 즐겨 먹는다. 북방 사람들은 만터우(饅頭: 소가 없는 찐빵), 라오빙(烙餅: 중국식 밀전병), 빠오즈(包子: 소가 든 찐빵), 화줘앤(花卷: 둘둘 말아서 찐 빵), 미앤탸오(面條: 국수), 쟈오즈(餃子: 만두) 등과 같은 밀가루로 만든 음식을 즐겨 먹는다.

중국인의 부식은 돼지, 생선, 닭, 오리, 소, 양고기와 채소, 콩으로 만든 식품을 위주로 조리하여 먹는다. 그러나 각 지역 사람들의 입맛과 특징이 다르기 때문에 조리법과 맛에 있어서 주식보다 차이가 많이 난다. 일반적으로 "남쪽은 달고, 북쪽은 짜며, 동쪽은 맵고, 서쪽은 시다(南甜 北咸 東辣 西酸)"는 중국음식에 대한 내력이 있다. 즉 남방 사람은 단것을, 북방 사람은 짠것을 즐겨 먹으며, 산둥(山東) 사람은 파 등의 매운맛을 좋아하고, 산서(山西) 일대의 사람은 식초를 즐겨 먹는다고 한다.

중국인은 하루 세 끼 식사를 하고, "아침은 적당히 먹고, 점심은 배불리 먹으며, 저녁은 적게 먹을 것(早上吃好, 中午吃飽, 晩上吃少)"을 중시한다. 일상적인 식사는 비교적 실속있게 하고, 경축 휴일의 식사는 비교적 풍성하게 한다. 중국음식을 지역에 따라 특징적인 맛으로 분류하여 황하 하류의 산둥요리, 장강 상류의 사천요리, 장강 중하류 및 동남 연해의 강소(江蘇)·절강(浙江)요리, 주강(珠江) 및 남방 연해의 광둥(廣東)요리로 나누기도 하며, 산둥요리(山東菜), 호남요리(湖南菜), 사천요리(四川菜), 복건요리(福建菜), 광둥요리(廣東菜), 강소요리(江蘇菜), 절강요리(浙江菜), 안휘요리(安徽菜)의 '8대요리(八大菜系)'로 나눌 수 있다. 각 요리를 다시 많은 유파로 나눌 수 있는데, 예를 들면 광둥에는 광둥, 조주(潮州), 동강(東江)의 3개 유파가 있고, 산둥에는 제남(濟南), 교동(膠東)의 2개 유파가 있다. 통계에 의하면, 전국 각지의 각종 음식을 모두 합하면 대략 5천여 종이 된다고 한다.

중국의 '4대요리(四大菜系)'는 제각기 두드러진 특색을 가지고 있다. 산둥요리는 맛이 비교적 짠 동시에 담백함과 부드러움에도 주의를 기울였다. 홍린위(紅鱗魚)는 산둥의 명승지 태산(泰山), 심지(深池)의 특산물이며 '깐자홍린위(乾炸紅鱗魚)'는 산둥의 유명한 요리이다. 솥에 넣어 튀길 때 고기가 움직이는 경우도 있는데, 다 튀긴 후에는 색깔이 황금색이고 맛이 신선하다. 이외에 '탕추황허리위(糖醋黃河鯉魚)', 덕천(德川)의 '투오꾸파지(脫骨仈鷄)', 청도(青島) 등 연해도시의 '여우빠오하이루어(油爆海螺)' '자리황(炸蠣黃)' 등도 매우 유명하다. 산둥의 탕은 매우 특징이 있다. 멀건 국물로 만든 '칭탕얜우오차이(清湯燕窩菜)', 나이탕(奶湯)과 제남의 특산물인 푸차이(蒲菜), 쟈오바이(茭白) 등으로 만든 탕은 색·향·맛이 대단히 훌륭하여 연회석상에서 매우 환영을 받는다.

사천요리는 톡 쏘는 맛이 농후한 것이 특징이다. 사천은 습기가 많은 기후이기 때문에 예로부터 요리할 때 반드시 고추와 생강이 있어야 한다. 예를 들면 '위샹러우쓰(魚香肉絲)' '꿍바오지띵(宮保鷄丁)' '깐사오지위(乾燒 魚)' '칭탕인얼(清湯銀耳)'은 비록 각각의 맛이 있지만 모두 공통적인 매운맛을 가지고 있다. 매우 일반적인 떠우푸(豆腐)는 '러우무오떠우푸(肉末豆腐)' '마푸오떠우푸(麻婆豆腐)' 등의 매우면서도 맛있는 여러 가지 요리를 만들 수 있다. 특히 '마푸오떠우푸(麻婆豆腐)'는 매우 유명한데, 그것은 아주 오래전에 성도(成都)의 진(陳)씨 성을 가진 한 부인이 처음 만든 것으로 먹을 때 얼얼하고 달아오르며 바삭바삭하고 말랑말랑한 특수한 맛이 있는데 겨울에 먹으면 가장 맛있다.

강절(江浙: 강소 江蘇, 절강 浙江)요리는 끓이고 푹 삶고 뜸을 들이며 약한 불에 천천히 고는 조리법이 특징이다. 양념을 적게 넣고 재료 본래의 맛을 강조하며 농도가 알맞은데 단맛이 약간 많다. 강소(江蘇)의 유명 요리로는 '야써위츠(鴨色魚翅)' '파사오정주터우(燒整猪頭)' '쉐이징야오러우(水晶肴肉)' '칭쯩스위(清蒸魚)' '시후추위(西湖醋魚)' 등이 있다.

광둥요리는 지지고 튀기며 다시 기름에 볶고 그 후에 소량의 물과 전분을 넣어 만드는 방법 위주로 하며, 신선함·부드러움·시원함·미끄러움을 강조한다. 새·곤충·뱀·원숭이 등의 야생동물에서 바닷속 동물 등에 이르기까지 모두를 요리의 재료로 삼는다. 광둥에서 가장 유명한 것은 '서차이(蛇菜: 뱀요리)'로 이미 2천여 년의 역사를 가지고 있으며, 특히 '롱후떠우(龍虎鬪)'는 국내외에 이름이 널리 알려져 있다. 그것의 주요 재료는 세 종류의 독사와 담비이고, 스물 몇 종의 양념을 적절하게 배합하여 몇 십 가지의 제조공정을 거쳐 만드는데, 육류 중에서 가장 고급요리로 매우 높은 영양가를 가지고 있다. 당연히 중국인들이 평상시에 밥을 먹으면서 이상에서 말한 것처럼 늘 그렇게 신경을 쓴다고 할 수는 없지만 기본적인 특징은 일치한다. 중국인들은 집에서 손님 접대하기를 좋아하는데, 그것은 손님에 대한 열의를 표시하는 것 외에도 손님에게 주인이 손수 만든 중국요리의 맛을 보이기 위한 것도 있다.

또한 중국은 다양한 음식문화 중 특히 약선음식이 발달하였는데, 중국 약선음식의 기원은 구석기시대 신농씨로서 백성들이 잡초와 약초를 구분하지 못하고 함부로 먹다 죽는 것을 보고 농사 짓는 법과 약초나 채소 구별하는 법, 약초재배법을 가르친 것이 그 시초로서 한의약과 약선음식의 시조라고 할 수 있다.

중국은 차문화가 발달하였는데 몸에 이로운 음식과 궁합에 맞는 차를 섭취하기 위함도 있겠으나, 광활한 대륙만큼이나 황사 등 먼지가 많기 때문이다. 또한 중국음식의 조리에는 거의 돼지기름이 사용되어 차를 자주 마시는 문화가 특히 발달하였다. 이러한 식문화적인 배경을 뒷받침하듯 세계적으로 유명한 차의 원산지가 있는 운남성에서 재배되는 보이차나 무이암차 등은 어느 나라에서도 재배할 수 없는 특성을 가진 귀한 차로 유명하다. 중국의 동쪽에 우리나라가 위치하고 있어 중국과 우리나라는 정치·경제·문화·식생활 전반에 걸쳐 서로 영향을 주고받으며 발전해 왔고, 일본에도 우리나라가 지대한 영향을 끼쳐 동아시아권의 세 나라는 곡물을 주식으로 하였으며 장류의 문화권으로 발달하였다.

중국인들은 그들의 삶 자체가 음식문화적인 삶이라 해도 지나치지 않을 정도로 음식에 대한 철학과 자부심이 대단하다. 13억 명의 방대한 중국인의 음식에는 아직도 철저한 계급 차이가 있으며, 부자가 되면 우선 음식을 잘 먹고 체면을 위해 비싼 요리집에서 비싼 가격의 음식을 손님에게 대접하는 것을 최고의 가치로 생각한다. 중국인들은 상대방에게 자신의 속내를 쉽게 내보이지 않는 이중성을 갖고 있으나, 음식과 인간관계를 중요하게 생각하며 약식동원사상을 믿고 있고 음양오행설의 철학을 중시한다. 중국음식은 약식동원의 개념 아래 식단이 작성되며 젓가락과 주발을 사용하고 보존식품을 사용하는 것이 특징이다.

2) 중국요리의 일반적인 특성

① 재료의 선택이 광범위하고 자유롭다. 상어지느러미, 제비집 같은 특수 식료품도 요리재료로 이용된다.
② 기름을 많이 사용하지만, 센 불로 최단시간에 볶아내며 음식의 수분과 기름기가 분리되는 것을 방지하기 위해 녹말을 많이 사용한다.
③ 조리기구가 간단하고 사용이 쉽다.

④ 조리법이 다양하다. 똥, 조우, 탕, 차오, 자, 젠, 먼, 카오, 둔, 웨이, 쉰,정 등
여러 가지 조리법이 있다.

⑤ 맛이 다양하고 풍부하다. 단맛, 신맛, 매콤한 맛, 짠맛, 쓴맛 등의 오미를 갖춘
요리법이 많다.

⑥ 조미료와 향신료의 종류가 풍부하여 외양이 풍요롭고 화려하다.

⑦ 중국요리는 한 그릇에 한 가지 요리를 전부 담아낸다. 사람이 많으면 요리의
양을 늘리지 않고 요리의 가짓수를 늘린다.

3. 중국의 명절문화와 생활

1) 중국의 명절문화

중국의 新年(양력설)은 양력 1월 1일이며 원단(元旦)이라고도 한다. 이는 1911년
신해혁명(辛亥革命) 후 건립된 중화민국정부가 세계적으로 통용되는 양력을 채용하
면서 양력 1월 1일을 '신년(新年)' 또는 '원단(元旦)'으로 명명하고, 전통 명절인 음력
정월 초하루는 '춘절(春節)'로 불렀기 때문이며, 현재 중국대륙이나 대만에서 모두 사
용하고 있다. 그러나 중국인들에게 있어서의 진정한 '설'은 바로 음력 1월 1일(양력 1
월 하순에서 2월 중순)인 춘절이다. 한 해를 마감하고 새로 시작한다는 의미로써 '과
년(過年)'이라고도 하는 이 춘절은 중국인들이 가장 중요시하고 가장 마음 편하게 지
내는 명절로 중국대륙에서는 공식적으로 3일간의 연휴가 있지만 지방별로 10일에서
2주 이상 쉬는 곳도 있다. 특히 이때에는 세계의 토픽뉴스 감으로 전 중국이 귀성인
파로 몸살을 앓는 것이 연례행사처럼 되었는데, 각 지방에 흩어졌던 가족들이 고향
의 집에 모여 조상께 제사도 지내고 1년의 안녕(安寧)을 기원하기 위해 대이동을 하
기 때문이다. 물론 중국이 개혁개방을 표방하고 그 결실을 보기 시작하는 1980년대
말에 와서야 비로소 많은 중국대륙 가정에서 춘절다운 춘절을 지내게 되었으며, 그
이전에는 중국인 전통문화로서의 춘절풍습 지내기는 대만이나 홍콩 등에서나 경험

할 수 있었다.

(1) 춘절(春節)

춘절은 추운 겨울이 물러갈 채비를 하는 동시에 봄이 올 것을 알리는 계절에 상접하기 때문에 중국인들은 이 시기에 천지신명과 조상신들에게 제사를 지내며 오곡이 풍성해질 것과 가족의 평온을 기원해 왔다. 보통 음력 12월이면 춘절의 들뜬 분위기가 점점 농후해지고, 전통습관에 따라 음력 12월 8일에는 곡식의 풍성함을 기원하며 8가지 곡식으로 만든 동지팥죽을 먹는다. 이 랍팔죽(臘八粥)은 쌀, 좁쌀, 수수, 붉은 콩, 대추, 호두, 땅콩 등을 함께 끓여 만든 음식인데 재료에서 보듯 온갖 곡식이 다 들어 있어 '오곡이 풍성하길' 기원하는 의미가 담겨 있다. 또한 음력 12월 23일은 조왕신(竈王神)에게 제사를 지내는 날로서 부엌에 조왕신상을 걸고 엿을 바친다. 이는 조왕신이 달짝지근하고 맛있는 엿을 먹은 후 하늘의 상제에게 보고할 때 그 집주인에 대해 좋은 얘기를 하여, 많은 운을 가져오게 한다는 믿음에서 비롯되었으나 현재는 많이 생략하는 추세이다. 춘절 때에는 각 가정마다(특히 농촌) 방을 장식하고, 집안을 청소하고 연화(年畵)등 붙이기를 즐긴다. 연화의 종류는 각양각색으로 과거에는 통통한 어린애가 물고기를 안고 있는 그림이나 용주(龍舟)경기그림 등이 자주 사용되었다. 이 연화의 풍습은 '사의(思義)'라고도 하는데 귀신을 쫓는 그림을 집안에 붙이는 데서 유래되었으며, 동물이나 기타 생물체의 그림을 붙이기도 한다. 오곡의 풍성함과 행운을 비는 각종 그림을 그려 대문에 붙이는 연화의 소재는 매우 다양하다.

(2) 춘절(春節) 음식

중국인들도 한국의 설처럼 춘절 음식을 준비하는데 대단히 풍성하고 각 지방마다 특징이 있다. 대표적인 춘절 음식으로는 만두(饅頭), 두포(豆泡: 팥빵), 연고(설떡), 점심(點心), 미주(米酒), 미화당(美花糖: 쌀엿), 두부(豆腐), 전퇴(煎堆: 전병), 유각(油角: 튀김과자) 등이 있다.

(3) 춘련(春聯)

축복하는 말로써 대문의 양쪽에 붙이게 되는데 붉은 바탕에 검은색 또는 황금색으로 글씨를 쓴다. 내용은 '世世平安日, 年年如意春' 등이다. 더불어 신춘(新春)과 관련된 '대련구(對聯句)'나 '문신상(門神像)' 혹은 '복(福)'자 등을 문 앞에 붙이는데 관례적으로 빨간 종이에 먹붓을 사용한다. 그 이유는 춘절의 기운을 살리면서 들뜬 분위기와 좀 더 나은 생활에 대한 희망을 나타내기 위함이다.

(4) 제석(除夕)

음력 12월 31일, 춘절의 하루 전날 밤을 '제석(除夕)'이라 하는데, 온 가족이 함께 '연야반(年夜飯)'을 즐긴다. 연야반을 먹은 후에는 온 가족이 모여 앉아 담소하고, 바둑, 마작, 옛날이야기 등을 즐기며, 어떤 가정은 밤을 새기도 하는데, 이를 가리켜 '수세(守歲)'라 한다. 요즘에는 주로 다양한 TV의 춘절 특집 프로그램이나 케이블 TV를 많이 시청하는 것으로 이전의 '수세'를 대신하는 가정이 많은 편이다. 그리고 12시 자정이 되면 거의 모든 가정에서 동시에 폭죽을 터뜨리는데, 아파트 옥상에 올라 그 광경을 보면 꼭 걸프만 전쟁 때의 바그다드 공습과도 같을 정도이다. 또한 이 시각이 춘절의 분위기가 최고조에 이르는 시점이기도 하다. 춘절 첫날 아침에 북방 사람들은 대부분 교자(餃子)를 먹는데, 교자의 '교'는 교체를 나타내는 '교(交)'와 중국어 음이 같다. 따라서 교자는 신구(新舊)가 교체된다는 것을 나타낸다. 또한 만두 속에 돈이나 사탕 혹은 땅콩 등을 넣어서 그것을 골라먹는 사람에게는 새해에 특별한 복이 올 것이라는 놀이를 하기도 한다. 남방 사람들은 탕원(湯圓: 알심이를 넣은 탕)이나 설떡(연고)을 먹는다. 연고의 발음이 연고(年高)와 같아서 새해에 발전이 있을 것이라는 의미를 담고 있다. 아침 춘절 음식을 먹고 난 후에는 식구 간에 절을 나누고 이웃이나 친지를 방문하는 拜年(새해인사)을 한다. 멀리 있는 사람에게는 연하장을 보내고, 어린 아이 혹은 손아랫사람이 절을 할 때면, 새뱃돈(壓歲錢, 紅包라고도 한다)을 준다.

(5) 원소절(元宵節)

춘절의 마지막 하이라이트인 정월 대보름날(음력 1월 15일)을 '원소절(元宵節)'이라 하는데 '등절(燈節)'이라고도 한다. 장등(長燈)·관등(觀燈)·시등미(猜燈謎) 등의 놀이를 하며, '원소(元宵)'를 먹고 민간의 '화회(和會)'를 구경하는 풍습이 있다. 그리고 원소절에는 연등놀이도 하는데, 이는 불교의 연등회에서 기원한 풍습이라고 하며, 혹은 불(火)숭배와 관련이 있다고도 한다. 사서의 기록에 의하면 당(唐) 현종(玄宗) 때는 백 척이나 되는 높은 가지에 백 개의 등을 밝혔다는 기록도 있다. 장등의 의미는 '여민동락(與民同樂)', '천하태평'을 기원하는 것으로, 당대에는 3일간(14-16일), 북송대에는 5일간(14-18일), 명대에는 무려 10일간(8-17일), 청대는 황궁에서는 7일간, 민간에서는 4일간(13-16일) 등을 밝혔다고 한다. 등의 종류도 다양해서 각종 재료·모양·장식이 수반되는데, 모두 지역적 특색을 담고 있다.

(6) 원소 먹기

또한 원소절에는 원소 먹기 놀이를 한다. '원소'를 먹는 이유는 '온 가족이 모여 화목하게 지낸다'는 뜻이 있기 때문이다. 북방에선 먼저 속을 조그맣게 뭉쳐 알심을 만들어 끓는 물에 살짝 익힌 다음, 바로 건져내서 찹쌀가루에 올려놓고 이리저리 굴려 옷을 입히고, 이를 반복하여 동그랗게 만든다. 남방식은 찹쌀가루에 물을 살짝 떨어뜨려 알심을 만든 다음 속을 넣어 익힌다. 들어가는 속은 매우 다양해서 콩고물·대추, 혹은 새우·햄·생선살·채소 등이 있는데 끓이거나 튀기거나 쪄서 익힌다.

또 원소절에는 화회라는 놀이를 하는데, 이는 원래 묘당에서 공연하던 민간 전통 예술로, 근자엔 원소절을 전후하여 도처에서 공연한다. 화회는 1천여 년의 역사를 지니고 있는데 점차 용무(龍舞: 용춤)·사무(獅舞: 사자춤)·고교·한선(旱船)·앙가(秧歌)·대소차회(大小車會) 등으로 다양하게 발전했다. 각지마다 독특한 풍격을 지니고 있으며, 북경 화회가 그중 유명하다. '용춤'은 '용등무(龍燈舞)'로서 대나무와 천으로 용 모양을 만들어 사람이 속에 들어가 용춤을 춘다. '사자춤(獅子舞)'도 사자복을 뒤집어쓰고 사자의 용감한 자태를 춤으로 표현하는 것이다. 춘절 때에는 대부분의 정부부처 및 공공기관이 쉬고, 춘절이 되기 전 보통 양력 1월 중순부터 결산작업을 하느라 상당히 바쁘기 때문에 춘절을 전후하여 중국인들과 공적인 만남을 가지는 것을 피하는 것이 바람직하다.

2) 중국의 가정생활문화

중국의 가정은 기본적으로 다음과 같이 네 가지 유형으로 나누어진다.
① 독신가정(單身家庭) : 한 사람만 생활한다.
② 핵심가정(核心家庭) : 부부 두 사람 및 미혼 자녀가 함께 생활한다.
③ 주간가정(主幹家庭) : 부부와 미성년 자녀와 노인이 있으며 3대나 4대가 함께 생활한다.
④ 연합가정(聯合家庭) : 하나의 대가정에 2대 이상이 있고, 동일한 세대 속에도 2개나 3개 이상의 소가정이 있으며 모두 함께 생활한다.

중국의 가정 규모는 점차 축소되어 가는 추세를 보이고 있다. 고대 중국에서는 3대가 한 집에 사는 주간가정이나 여러 대가 한 집에 사는 연합가정이 비교적 많아 가정이 커질수록 식구도 늘어나고 갈수록 가족이 번성하였다. 따라서 지주 관료 등의 부유계층은 식구가 몇 십 명에 달하거나 심지어는 그보다도 더 많았다. 이후 사회가 발전함에 따라 봉건 전통적인 연합가정이 점차 해체되고 핵심가정과 주간가정이 늘어났다.

지금의 중국은 노인의 경제생활이 보장되어 있는데다가 주택난 등의 요소로 인하여 자녀들은 결혼한 후 일반적으로 모두 부모와 따로 떨어져 생활한다. 대다수의 가정은 핵심가정, 즉 부부와 아이들만이 생활하는 소가정이다. 중국의 법률 규정에 의하면 자식들이 자라서 결혼하여 자기의 가정을 가진 후에는 노인을 부양할 의무를 가진다. 노인을 부양하는 방식은 기본적으로 두 가지 종류가 있다. 하나는 직접 부양으로 노인이 자녀들과 함께 생활하는 것으로 이것은 일종의 전통적인 방식이다. 다른 하나는 간접 부양으로 노인이 자녀들과 함께 있지 않고 단독으로 거주하면서 생활하지만 생활비는 자녀들이 제공한다. 지금 중국에서 도시의 노인은 거의 모두가 퇴직 근로자이며 기본 생활비는 퇴직금으로 보장된다.

만약 퇴직금이 적거나 없다면 자녀들의 생활비 보조금에 의지해야 한다.

4. 중국음식의 유래

1) 딤섬

딤섬은 한입 크기로 만든 중국 만두로 3000년 전부터 중국 남부의 광둥지방에서 만들어 먹기 시작했다. 표준어로는 点心(diǎnxīn), 광둥어 발음으로는 딤섬(dim sam)이라고 하는 이 요리는 전한(前漢)시대부터 먹기 시작했으며, 딤섬은 차를 마시면서 곁들이는 간단한 간식거리였다. 중국에서는 코스요리의 중간 식사로 먹고 홍콩에서는 전채음식, 한국에서는 후식으로 먹는다. 기름진 음식이기 때문에 차와 함께 먹는 것이 좋으며 먼저 담백한 것부터 먹고 단맛이 나는 것을 마지막으로 먹는다. 딤섬은 중국 개혁개방정책 이후, 중국경제의 발전으로 맞벌이 가정이 늘어나면서 아침 식사와 동의어가 되었다. 자녀를 등교시키고 자신도 출근해야 하는 사람들은 요리법이 간단하고 빠르게 먹을 수 있는 음식을 찾게 되었고, 딤섬은 사람들의 생활에 깊숙이 스며들었다. 한문으로 쓰면 점심(点心)으로 원래 '마음에 점을 찍는다'는 뜻이지만 간단한 음식이라는 의미로 쓰인다. 모양과 조리법에 따라 이름이 여러 가지이며 작고 투명한 것은 교(餃), 껍질이 두툼하고 푹푹한 것은 파오(包), 통만두처럼 윗부분이 뚫려 속이 보이는 것은 마이(賣)라고 한다. 대나무통에 담아 만두 모양으로 찌거나 기름에 튀기는 것 외에 식혜처럼 떠먹는 것, 국수처럼 말아먹는 것 등 여러 가지가 있다. 속재료로는 새우·게살·상어지느러미 등의 고급 해산물을 비롯하여 쇠고기·닭고기 등의 육류와 감자·당근·버섯 등의 채소, 단팥이나 밤처럼 달콤한 앙금류 등을 사용한다. 광둥요리 속에서 딤섬은 다양한 조리법과 장식을 통해 재탄생

된다. 고급 딤섬식당에서는 다양한 재료와 모양을 선보이며 간식으로서의 딤섬, 아침식사로서의 딤섬이라는 고유개념에서 나아가 고급만찬의 메뉴로 개발되고 있다. 광둥 인민정부는 1987년부터 매년 미식절(美食節) 행사를 주최하고 있다. 이 행사의 요리 품평회에는 딤섬장식부문이 따로 있다. 이곳에서의 입상은 명예와 돈을 의미하기 때문에 많은 요리사들이 몰려들어 딤섬으로 예술품을 만들어내고 있다.

딤섬은 여러 가지 고기, 해산물, 채소류를 재료로 쓰며, 요리법에 따라 찐 것(蒸), 튀긴 것(炸), 구운 것(煎) 등으로 나뉘며, 디저트류도 딤섬의 종류에 포함된다. 담백하고 기름지지 않게 찌는 방식으로 조리하는 딤섬의 종류가 가장 다양하다. 가우(餃)는 우리나라에서 보통 말하는 만두이며, 가우지(餃子)를 줄여 부르는 말이다. 하가우(蝦餃)와 시우마이(燒賣)가 대표적인 찐 딤섬에 속한다. 하가우는 싱싱한 새우를 얇고 반투명한 전분피로 감싸 섬세하게 빚은 만두이고, 시우마이는 다진 돼지고기를 달걀과 밀가루 피로 싼 손가락 두 마디만한 만두 4개가 동그란 대나무 찜통에 나온다. 튀긴 딤섬으로는 한국에도 잘 알려진 춘권, 닭발을 튀기고 삶아 블랙빈소스로 다시 찐 펑자오(鳳爪), 표고버섯과 새우살, 돼지고기를 소로 넣고 튀겨낸 우곡(芋角), 찹쌀도넛 안에 돼지고기 소를 넣은 함써이곡(鹹水角) 등이 있다. 빠우(包)는 구워내거나 쪄낸 딤섬을 가리킨다. 찐빵처럼 생긴 '차시우바오(叉燒包)'는 꿀과 붉은 색소를 발라 훈제한 돼지고기인 차시우를 소로 넣는다. 약간 발효시킨 피에 다진 돼지고기와 채소를 다져 소로 넣으며 기름에 밑부분만 지져내는 싼진빠우(生煎包)가 있다. 고기육즙이 같이 들어 있는 샤오롱빠우(小龍包)는 싼진빠우와 함께 상해에서 발달한 딤섬이다.

2) 전가복

요리를 먹음으로써 온 집안에 복이 온다는 뜻이다. 진시황은 유학자들의 학문과 사상을 온갖 방법으로 탄압했는데, 당시 주현(朱賢)이란 유생이 진시황의 모진 탄압을 피해 산속 동굴에서 숨어지내며 낮에는 자고 밤에 일어나 풀과 열매를 먹으며 은

둔생활을 하다 몇 년 뒤 진시황이 죽고 그의 아들 호해(胡亥)가 제위에 오르자 주현도 집으로 돌아왔으나, 그를 기다리고 있는 것은 다 허물어진 담벼락뿐이었다. 일 년 전 큰 홍수와 가난으로 가족들은 뿔뿔이 흩어지게 되어 주현이란 사람은 크게 실망하고 물속에 뛰어들어 죽을 결심을 하였으나, 어부의 도움으로 목숨을 구하고 천신만고 끝에 가족들을 찾게 되었다. 주현의 가족은 마을 사람들을 불러 잔치를 열기로 해, 특별 손님으로 초대받은 어부는 주현 일가를 위하여 솜씨 좋은 요리사를 초빙했고, 요리사는 천신만고 끝에 다시 만난 주현 일가를 축복하며 산해진미 좋은 재료로 심혈을 기울여 음식을 만들어 마을 사람들이 함께 먹으며 붙인 이름으로 온 가족이 다 모이니 행복하다는 뜻에서 '전가복'라는 이름을 얻게 되었다.

3) 불도장

불도장은 청나라 광서(光緖) 2년(1876) 복건성 복주의 한 관원인 정춘발이 포정사(布政使: 명·청대 민정과 재정을 맡아보던 지방장관) 주련(周蓮)을 집으로 초대하여 연회를 베풀 때 그의 부인이 직접 만든 요리이다. 주재료인 암탉, 상어지느러미, 물고기 입술, 해삼, 패주, 전복, 돼지족 등을 소홍주 술항아리에 넣고 술, 소금, 파, 생강 등을 넣고 쪄서 만든 요리이다. 관가 요리사인 정춘발(政春發)은 원래 해산물을 많이 사용하는 대신 육류는 적게 사용하여 느끼함을 없애고 은은한 향과 부드러운 맛을 특징으로 하는 요리사였다. 정춘발은 취춘원(聚春園)이라는 음식점을 열어 상인들과 관료, 시인 묵객에게 이 요리를 선보였는데, 어느날 연회에 참석한 손님 중한 관원이 이 음식을 가져가 음식 항아리의 뚜껑을 열자 고기와 생선의 풍미가 진동하여 많은 사람들이 그 향기에 취하여 한 고위관리가 요리의 이름을 묻기에 정춘발이 아직 정하지 못하였노라고 대답했더니, 연회에 참석한 누군가가 그 자리에서 다음과 같은 즉흥시를 지었다고 한다.

"壇啓勲香飄四隣佛聞棄禪跳墻來(항아리 뚜껑을 여니 그 향기가 사방에 진동하네. 참선하던 스님도 이 향기를 맡고 담을 뛰어넘네.)"

이렇게 시를 읊어 손님들을 감탄하게 하여, 그때부터 이 음식을 불도장이라 부르게 되어 100년이 넘도록 지금까지 전해 내려오고 있다.

4) 공보기정

닭을 사각으로 썰어 요리한 것으로 공보기정은 아편과 관련이 있는데 청나라 말 아편이 사천지역에 만연하자 총독 정보정은 금연령을 내리고 다음과 같은 방을 붙였다. '아편을 피우거나 남에게 팔다 적발되면 일률적으로 사형에 처하며, 이를 고발하는 이에게는 큰 상을 내릴 것이다.' 며칠 뒤 정보정은 자신의 큰아들인 정군실이 상습적으로 아편을 피우고 아편매매에 관련이 있다는 투고를 여러 차례 받아 고민하던 중 아무리 자기 아들이라도 사형에 처하지 않으면 금연령이 아무 소용이 없고 아편 밀매도 계속될 것이라 생각했다. 아들이 울며불며 살려달라고 애걸했지만, 결국 사형은 집행되었고, 이 사실을 알리는 방이 나붙어 정보정의 단호한 의지가 백성들에게 알려지게 되었다. 비록 대의를 위해 아들을 죽였지만, 정보정도 사람인지라 아들을 잃은 슬픔이 클 수밖에 없었다. 아들 정군실의 시체를 거두어 관에 넣고 장사지내기 전날 밤, 정보정은 잠을 청할 수 없어 아들의 관이 있는 곳을 찾았는데, 아들의 관을 지키는 하인이 관 옆에서 아편을 피우고 있었다. 아들의 관 옆에서 하인이 아편을 피우고 있는 것을 보고 처음엔 화가 머리 끝까지 치밀었으나 달리 생각해 보니 문제가 그리 단순하지 않다는 생각이 들었다. '아편의 폐해가 내가 생각한 것보다 훨씬 심각하구나. 형벌만으로는 이 문제를 해결할 수 없겠구나. 그렇다면 무슨 좋은 방도가 없을까.' 하는 생각에 정보정은 의욕을 잃고 하릴없이 거실을 거닐며 생각에 잠겼다. 요리사는 정보정이 건강을 해칠까 걱정되어 근심을 해소하고 피로를 풀 수 있는 요리를 만들 궁리를 하게 되었다. 그러나 부엌엔 닭고기와 땅콩 조금, 그리고 고추가 남아 있을 뿐이었다. 요리사는 총독을 위해 정성을 다해 닭고기를 깍둑썰기하고, 땅콩을 기름에 한 번 튀겨낸 뒤 다시 그것들을 피망과 함께 단시간에 볶아 술과 함께 올렸다.

정보정은 마지못해 식탁에 앉아 술을 마시며 젓가락을 들어 먹어보니 뜻밖에 음식이 맛있어서 요리사에게 무슨 요리냐고 물었더니, 막 만  들어낸 요리라 이름이 없었기에 난감해진 요리사는 잠시 생각을 했다. 총독을 위해 만든 것이고, 또한 총독의 봉호가 태자 소보인 까닭에 사람들이 그를 정궁보라고 부르지 않는가. 여기에 생각이 미친 요리사는 궁리 끝에 '공보기정'이라고 대답했다. '공보기정'은 정보정의 정치적 성공과 함께 빠른 속도로 사천지방에 퍼지면서 사천의 대표적인 요리가 되었다.

5) 마파두부

중국 청나라 동치제 때 사천(四川)성 성도 북쪽 만복교 근처에 사람들이 요기를 하며 다리를 쉬어가는 작은 가게가 있었다. 가게 주인은 얼굴에 곰보 자국이 있는 여인이었는데, 남편의 성이 진(陣)씨인지라 사람들은 그녀를 진마파라고 불렀다. 이곳을 찾는 손님은 대부분 하층민으로 노동자들이었다. 이들 중에는 기름통을 메고 다니는 노역자들이 있었는데, 하루는 시장에서 두부 몇 모를 가져와 소고기 약간과 통 안의 기름을 조금 친 다음 슈퍼 여주인에게 음식을 만들어 달라고 부탁했다. 잘 먹지도 못하고 힘들게 일하는 노역자들을 안타깝게 여기던 진마파는 성의껏 음식을 만들었다. 소고기를 다져 기름에 순식간에 볶아내고 식욕을 돋우는 고추와 두시 등을 넣은 뒤 다시 육수와 두부를 넣고 조리했다. 이 요리는 노역자들 사이에서 엄청난 환영을 받았다. 마파두부는 입맛을 돋울 뿐 아니라 혈액순환을 좋게 하여 피로회복 효과가 있었다. 이 두부요리를 맛본 노역자들이 다니는 곳마다 진마파의 두부요리를 입소문 낸 덕에 진마파의 마파두부는 금방 유명해졌다. 진마파가 가게를 성도시내에 열게 되자 더욱 많은 사람이 마파두부를 먹을 수 있게 되었다. 마파두부는 대표적인 사천요리로 꼽힌다.

5. 중국의 술문화

1) 중국 술문화의 역사(歷史)

중국에서는 기원전 3000년경 누룩을 사용하여 술을 빚었는데, 이는 동양(東洋) 술의 전형이 됐다. 원나라 때 증류(蒸溜)기술이 전파되기 이전에는 우리나라의 청주(淸酒)와 유사한 황주(黃酒)가 주종을 이루었으며 약재를 넣어 가향효과를 내거나 약주(藥酒)로 발전시켰다. 원대부터는 소주(燒酒) 소비량이 늘어나 청대에 이르면서 북방(北方)에서는 백주(白酒) 소비량이 주류를 이루었고 양자강 이남에서는 황주가 주류를 이루었다. 북위시대의 북양태수 가사협이 저술한 제민요술(齊民要術)에는 여러 가지 농업(農業)기술과 함께 술 양조법(釀造法)이 자세히 기록(記錄)되어 있으며, 실제로 양조기술에 많은 영향(影響)을 끼치게 된다. 북송시대에는 주익중이 북산주경(北山酒經)을 저술하여 당시의 양조법을 집대성(集大成)했다. 북산주경은 다양한 재료를 이용한 누룩 제조법과 지황주, 국화주, 포도주, 냉천주 등 여러 가지 술의 제조공정을 자세히 소개하여 양조기술을 널리 전파했다.

2) 중국 술의 분류(分類)

4000여 년의 역사를 자랑하는 중국 술은 원료나 제조방법에 따라 4,500여 종에 이른다. 이들은 크게 백주(白酒)와 황주(黃酒)로 분류되고, 그 외에 포도주(葡萄酒),

과실주(果實酒), 약주(藥酒) 등이 있다.

(1) 백주(白酒)

백주는 수수, 옥수수, 논벼, 밀, 소맥 등의 곡식류(穀食類)를 원료로 하여 술지게 미를 걸러내는 대신 특수기구를 사용하여 가열해서 만든 증류주(蒸溜酒)로 무색투명하며 알코올 도수는 40% 이상으로 높은 편이다. 여기서 백(白)이란 무색(無色)이란 뜻이다. 우리가 마셨던 중국집의 배갈이 바로 백주의 일종이며 고량(수수)으로 만들었다 하여 고량주(高粱酒)라고도 부른다. 일반적으로 알려진 중국 술은 대부분 백주라고 보면 된다. 대표적인 것으로는 모태주(茅台酒)와 오량액(五粮液) 등이 있다.

① 원료에 따른 구분

(가) 곡식주(穀食酒) : 수수, 옥수수, 밀, 쌀 등의 곡식을 주원료로 해서 만든 것으로 중국 백주의 대다수가 이에 해당한다.

(나) 감자류로 빚은 술 : 감자를 주원료로 해서 빚은 술

(다) 대용원료를 사용한 술 : 전분(澱粉)이나 당분(糖分)이 있는 대체원료로 만든 술

② 술을 만드는 방법에 따른 구분

(가) 고태법(固態法) : 이는 중국의 독자적인 전통기법으로 고체형태의 누룩으로 당화(糖化)를 촉진하는 것이다. 발효(醱酵)와 증류(蒸溜) 과정에서도 원료들은 대부분 단단한 형태를 유지하기 때문이다. 일차 증류를 거친 원료에는 새 원료와 새 누룩이 투입되어 다시 발효과정을 거친다. 여러 종류의 균들이 발효를 도울 수 있도록 낮은 온도로 원료를 찌고 익히며 당화발효과정도 저온을 유지한다. 원료 배합으로 밑술의 전분 농도와 산도를 조절한다. 모태주(茅台酒), 오량액(五粮液), 동주(董酒) 등이 이에 해당한다.

(나) 고액결합법(固液結合法) : 쌀을 주원료로 하는 배갈을 만들 때 쓰는 방법이다. 당화발효제인 누룩은 밀로 만든다. 먼저 누룩은 고체상태에서 균을 키우지만

당화가 시작되면 물을 추가하여 반고체형태로 한다. 반액체상태에서 발효과정을 거치며 이를 증류해서 술을 얻는다. 계림삼화주(桂林三花酒)와 광둥옥빙소주(廣東玉氷燒酒)가 여기에 해당한다.

(다) 액태법(液態法) : 이는 액체상태에서 발효과정을 거치고 액체형태에서 증류된 술을 말한다. 액체상태에서 당화와 발효가 함께 이루어지게 하는 일괄법(一括法)으로 생산된 것뿐만 아니라 고태법(固態法)으로 발효시킨 밑술에 식용 알코올을 배합한 것 그리고 고태법으로 생산한 술에 액태법(液態法)으로 생산한 알코올을 섞어서 만든 것까지 포함한다. 이들은 쌀을 주원료로 하며 액체 상태에서 누룩을 첨가하는 일이 많다. 이러한 액태법은 노동력이 적게 들면서도 생산량을 높일 수 있고 원료로 쉽게 다룰 수 있다는 장점이 있다.

③ 당화발효제에 따른 구분

우리나라에서는 누룩을 표기할 때 '국(麴)'자를 쓰지만 현대 중국에서는 '곡(曲)'자를 쓴다.

(가) 대곡주(大曲酒) : 대곡주는 밀, 보리, 완두 등을 원료로 해서 만든 누룩을 당화발효제로 쓴 술을 말한다. 이는 곧 자연발효의 양조기술로 생산된 것이기도 하다. 대곡은 또 누룩을 띄우는 온도에 따라 고온곡(高溫曲), 중온곡(中溫曲), 저온곡(低溫曲)으로 구분되는데, 고온곡은 장향형(醬香型) 백주를 만드는 데 주로 쓰이고, 중온곡은 청향형(淸香型) 백주를 만들 때 쓴다. 절대 다수의 유명제품들은 고온곡으로 만들어진 것이다. 대곡주는 발효기간이 길고 저장기간도 길다. 노동량이 많지만 전분에서 추출되는 술의 양은 적다. 따라서 술의 향미는 좋지만 가격이 상대적으로 비쌀 수밖에 없다. 모태주, 오량액, 낭주(郎酒), 서봉주(西鳳酒), 검남춘(劍南春), 전흥대곡주(全興大曲酒), 양하대곡주(洋河大曲酒) 등 일반 국가 명주들은 모두 대곡주이다.

(나) 소곡주(小曲酒) : 쌀, 밀기울 등의 원료에 곰팡이균을 접종하여 만든 누룩을 당화발효제로 하는 술이다. 소곡주는 보통 고태법을 채용하여 당화과정을 거치고

액태법으로 발효와 증류과정을 거친다. 소곡주의 발효기간은 비교적 짧으며 대곡주에 비해 원료 곡식이 적게 든다. 전분에서 추출되는 술의 양이 비교적 많고 양조설비 또한 간단하다. 기계화(機械化)되어 생산도 쉽고 술맛이 상쾌하고 부드럽다는 점도 있다. 소곡주의 생산량은 전체 중국 백주의 6분의 1에 해당한다. 삼화주(三花酒), 옥빙소주(玉氷燒酒), 동주(董酒) 등이 여기에 속한다.

(다) 부곡주(麩曲酒) : 부곡주는 밀기울을 원료로 해서 필요한 균을 접종(接種)하여 누룩을 만들며 여기에 효모균(酵母菌)을 보완한다. 이는 신 중국 수립 후 산둥(山東)의 연태(煙台)지방에서 해온 조작법을 발전시킨 것이다. 이 방법을 사용하면 발효기간이 비교적 짧고 술의 추출량이 많아지며 생산원가가 낮아진다. 따라서 중국의 많은 술 회사들이 이 방법을 쓰고 있으며 백주시장에는 이 방법으로 만든 술이 가장 많다.

(라) 혼곡법(混曲法) : 대곡법과 소곡법을 혼합해서 만드는 법이다.

(마) 기타 당화제법 : 누룩 대신 당화효소를 당화제로 사용해서 만든 술이다. 술 만드는 과정에서는 활성효모를 넣어 발효를 촉진한다. 이 방법은 술의 추출량을 높이기 쉬우면서도 기술은 간단하다. 여러 가지 향을 내기도 쉽다. 가장 저가의 백주들은 이 방법으로 만들어진다.

④ 향에 따른 구분

(가) 장향형(醬香型) : 고유의 장향(醬香)과 발효지에 배어든 토양(土壤)의 향 그리고 단맛이 도는 알코올향 등이 하나로 합해진 특수한 향미(香味)를 가진다. 이 계통의 술은 색깔이 맑고 투명하며 부유물도 침전물도 없다. 장향이 돌출(突出)하지만 그것은 섬세하고 부드럽다. 술맛은 두텁고 풍부하며 입안에 남는 향과 맛이 오래 간다. 무엇보다 장향은 부드럽고 윤택함을 가장 큰 특징으로 한다. 장향형 배갈에 쓰이는 누룩은 초고온에서 띄운 것이다. 발효기술 또한 매우 복잡하다. 모태주, 낭주, 무릉주(武陵酒) 등이 이에 속한다.

(나) 농향형(濃香型) : 여러 가지 원료가 있지만 수수가 주종을 이룬다. 전통의 혼

증혼소속(混蒸混燒續) 발효기법을 사용한다. 발효시킬 때에는 연륜이 오래된 발효지를 이용하지만 더러 구덩이를 쓰기도 한다. 농향형 백주의 향미성분은 에틸류가 절대적으로 우세하다. 에틸성분이 전체 향미성분 중 60%를 차지하기 때문이다. 우수한 농향형 백주는 색이 없거나 아주 옅은 황색을 띤다. 침전물이나 부유물은 없다. 짙고 조밀한 맛을 다 갖춘 이 술은 순하면서도 깨끗한 초산에틸이 주된 향이 된다. 발효지 자체가 만든 향이 특별하며 감치는 단맛이 향과 잘 어울리며 입안에 남는 향미가 유장(悠長)하다. 명주 중에는 이러한 농향형이 가장 많은데 사천성(四川省), 강소성(江蘇省)에서 생산되는 명주의 대부분이 농향형이다. 오량액, 검남춘, 고정공주, 쌍구대곡주(雙溝大曲酒), 양하대곡주(洋河大曲酒) 등이 이에 속한다.

(다) 청향형(淸香型) : 청증청사(淸蒸淸渣)의 양조기법을 사용하며 땅속 항아리에서 발효과정을 거친다. 중간 온도로 띄운 밀 누룩을 당화발효제로 쓰며 밀기울 누룩 또는 당화효소를 보태기도 한다. 이 향형의 향미성분은 에틸류가 절대적으로 우세하다. 그중 초산에틸과 젖산에틸의 결합이 주도적인 향을 만든다. 전형적인 청향형 백주는 무색투명하며 복합적인 향을 갖추고 있다. 입에 넣으면 미세한 단맛이 돌며 향과 맛이 오래 끈다. 입안에서 느끼는 자극감은 농향형에 비해 조금 더 강한 편이다. 미미하지만 쓴맛이 느껴지는 것이 청향형의 특징이다. 분주(汾酒)가 대표적이다.

(라) 미향형(米香型) : 쌀을 원료로 한다. 소곡(小麴)을 당화발효제로 쓰는데 균이 배양되면 당화과정을 먼저 거치고 그 후 고체형태로 발효과정에 들어간다. 발효기간이 짧으며 제조방법은 비교적 간단하다. 향과 맛의 함량이 상대적으로 적으며 따라서 향도 약한 편이다. 술 빛깔은 맑고 투명하다. 초산에틸과 벤젠에틸알코올이 담백하고도 단아한 복합 향을 만드는 주체가 된다. 입에 넣으면 깔끔한 단맛이 느껴지지만 술을 머금고 있을 때는 약간의 쓴맛도 있다. 향미는 오래 가지 않는다. 계림삼화주(桂林三花酒)와 장락소주(長樂燒酒) 등이 미향형에 속한다.

(마) 봉향형(鳳香型) : 청향형(淸香型)과 농향형(濃香型)의 중간이다. 가장 큰 특징은 짙은 향기가 돌출한다는 점이다. 초산에틸이 주가 되고 일정의 유사한 향이 보완된다. 서봉주(西鳳酒)가 봉향형의 대표이다.

(바) 겸향형(兼香型) : 장향(醬香), 농향(濃香), 청향(淸香)을 모두 가지고 있는 술이다. 이 술의 특징은 향이 그윽하면서도 풍부한 점이다. 술을 마신 뒤에는 상쾌하고도 깨끗한 맛이 길게 남는다. 동주(董酒)가 대표적이다.

(2) 황주(黃酒)

황주는 찹쌀이나 수수 등 곡물(穀物)이 원료로, 누룩 등을 띄워 발효시켜 지게미를 걸러낸 양조주(釀造酒)이다. 이때 사용하는 각종 원료와 촉매제(觸媒劑)로 인해 술이 색깔을 띠게 되는데, 황이란 색깔 있는 술이란 뜻이지 꼭 노란색을 말하는 것이 아니다. 알코올 도수는 18~20% 정도로 비교적 약하나 맛이 순하고 진하여 입에 쫙쫙 달라붙고 향기가 그윽하며 영양 역시 풍부하다. 북방인(北方人)들은 주로 겨울에 화과(和果)와 함께 황주를 마시는 재미로 추위를 잊는다고 한다.

(3) 약주(藥酒)

약주는 한방약초(韓方藥草) 등을 사용하여 만든 배합주(配合酒)로 배합재료에 따라 맛, 색, 효능이 여러 가지이나 대표적인 술로는 오가피나무의 껍질 등 10여 종의 약초를 고량(高粱)에 넣어 만든 오가피주(五加皮酒)와 대나무잎 등으로 만든 죽엽청주(竹葉靑酒)가 있다.

(4) 과실주(果實酒)

과실주는 과일을 발효시켜 만든 술로서 일종의 저알코올 술이다. 일반적으로 포도주(葡萄酒)는 과실주 중에서 역사가 가장 오래된 술 중의 하나이며, 중국 과실주로는 포도주가 대표적이다. 그 밖에 자매주(姐妹酒), 금홍색(金紅色)의 금매주(金梅酒), 향매주(香梅酒), 매실주(梅實酒) 등이 있다.

(5) 맥주(麥酒)

맥주의 생산지는 이집트와 시리아이다. 문헌(文獻)에 의하면 4000년 이상의 역사(歷史)를 가지고 있고 주원료(主原料)는 보리, 호프, 물, 효모로 알코올 함량은 보통 3.5% 전후이다. 중국 최초의 맥주공장은 1915년 북경(北京)에서 시작하였으며 현재는 급속하게 발전하여 전국에 800여 개의 맥주공장이 가동되고 있으며, 중국인들도 맥주를 좋아하는 사람이 늘면서 맥주를 반주(飯酒)로 마실 정도가 되었다고 한다.

3) 중국의 8대 명주(名酒)

신 중국 수립 후, 중국 정부(政府)는 주류(酒類) 제조업(製造業)을 발전시키기 위해 다섯 차례(1952년, 1963년, 1979년, 1984년, 1989년)에 걸쳐 전국주류평가대회(全局酒類評價大會)를 열고, 전국(全國) 5,500개의 증류소(蒸溜所)에서 출품(出品)된 백주(白酒) 중 뛰어난 술에 금장(金裝)을 수여(授與)했다. 이 대회에서 연이어 다섯 번의 금장을 수상(受賞)한 술이 여덟 개였는데 이를 8대 명주(名酒)라 칭하게 됐다. 중국의 8대 명주는 증류주(蒸溜酒) 다섯 가지, 양조주(釀造酒) 두 가지, 혼성주 한 가지로 이루어진다.

(1) 모태주(茅台酒) : 마오타이주

수수(고량)를 주원료로 하는 중국 귀주성(貴州省)의 특산(特産) 증류주(蒸溜酒)로 무색 투명한 백주(白酒)의 하나이다. 마오타이주의 생산지는 중국 귀주성(貴州省) 인회현(仁懷縣)에서 12킬로미터 떨어진 적수하(赤水河) 강가에 위치한 마오타이 마을인데 이 마을의 이름을 따서 마오타이주라 불리게 되었다.

마오타이주는 현대의 양조기술이 보급된 오늘날에도 전래의 제조법(製造法)을 그대로 고수하고 있다. 그 기술은 복잡하며 엄격한 조작법을 요구한다. 누룩을 많이 사용하는 점, 발효기

모태주

간이 긴 점, 여러 차례 발효과정을 거치고 여러 차례 술을 거르는 점 등이 마오타이 양조법의 가장 큰 특징이다.

양조과정을 간단히 기술하면 다음과 같다.

첫째, 누룩 만들기 : 밀로 만든 누룩을 당화발효제로 쓴다.

둘째, 생사(生沙)찌기와 발효 : 원료 수수를 사(沙)라고 한다. 생사는 물을 뿌려서 일정 시간 불리며 그 후 적당량의 밑술(묵은 술)과 섞어서 시루에 넣어 찐다. 이때 수수를 빻아서 알갱이를 작게 한 것과 본래 것의 비율을 2:8 정도로 섞는다. 찌기가 끝나면 이를 서늘한 데 널어 식히는데 이때 누룩가루를 섞는다. 꼿꼿하게 굳어지면 구덩이에 묻어 발효시킨다. 발효기간은 1개월이다.

셋째, 증류(蒸溜)와 발효(醱酵) : 한 달 동안의 발효를 거친 사(沙)를 꺼내 다시 생사(生沙)를 섞으며 이후 시루에 안쳐 증류한다. 이때 빻은 것과 그렇지 않은 것의 비율은 3:7이다. 1차 증류에서 얻어진 술에 누룩을 섞어 다시 구덩이에서 발효시킨다. 이러한 증류과정을 한 달 간격으로 일곱 차례 진행(進行)한다.

넷째, 술 섞기(배합(配合)) : 발효와 증류과정을 거쳐 차례로 걸러진 술은 구분(區分), 저장(貯藏)되며 3년이 지난 뒤 배합과정(配合過程)을 거친다. 배합에 따라 색과 향, 맛이 서로 다른 완성품이 나오게 된다.

다섯째, 숙성(熟成) : 배합을 거친 술은 항아리에 밀봉(密封)된 채 3년 이상의 숙성과정을 거친다. 불순(不純)한 성분(成分)을 제거(除去)하고 향과 맛을 깊게 하기 위해서다.

마오타이는 향이 매우 짙고, 마신 후에는 한동안 입안에 단맛이 남는다. 알코올 함량(含量)은 약 53~55% 정도인데 이에 비해 맛은 매우 부드러우며 취기가 슬며시 오고 뒤끝이 깨끗하다.

1915년 파나마에서 열린 세계(世界)박람회(博覽會)에서 주류(酒類) 품평회(品評會)가 있었는데 이때 마오타이는 세계 3대 명주(名酒)의 하나로 뽑히게 됐다. 그 후 1949년 공산(共産) 중국의 건국(建國) 축제(祝祭)에서 주은래(朱恩來)가 마오타이주를 국가 연회주(宴會酒)로 확정한 후 국가적 연회나 귀빈(貴賓)을 초대할 때 필수적으로 준비하는 술이 되었으며 이로써 마오타이에는 예빈주(禮賓酒)라는 별칭(別稱)도 붙었다. 중화인민공화국(中華人民共和國) 성립(成立) 2년 후인 1951년에는 '국주(國酒)'라는 명성(名聲)을 더하게 되었다. 1972년에는 모택동(毛澤東)이 이 술로 리처드 닉슨 대통령(大統領)을 대접(待接)함으로써 냉전(冷戰)을 종식(終熄)시키는 윤활유(潤滑油)로서의 역할(役割)을 하였다.

(2) 오량액(五粮液) : 우량예

오량액

우량예는 멥쌀, 찹쌀, 메밀, 수수, 옥수수 등 다섯 가지 곡식(穀食)을 원료로 만든 증류주(蒸溜酒)로 주요 생산지(生産地)는 사천성(四川省)의 수도(首都) 이빈시(宜賓市)이다. 명주(名酒) 중 가장 판매량이 많은 술이다.

색깔은 맑고 투명하며, 향기가 오래 지속된다. 알코올 함량은 60% 정도로 매우 독하지만, 부드럽게 넘어가는 끝맛이 특징이다. 처음에는 여러 가지 곡식을 섞어서 만든다 하여 잡량주(雜粮酒)라고 불렸지만 500년 전쯤 재료가 5가지 곡식으로 고정되어 다섯 가지 곡식이라는 뜻의 오량(五粮)과 경장옥액(瓊漿玉液 : 경장과 옥액은 둘 다 옥과 같이 귀한 물이라는 뜻)의 액(液)을 따와 오량액으로 불리게 되었다.

우량예는 명나라 초부터 생산되기 시작했다. 이 술을 처음 빚은 사람은 진씨(陳氏)라고만 알려져 있다. 제조법이 수백 년 동안 진씨 가문의 비방(祕方)으로 전해져 오다 대량 생산된 이후로 성분과 질이 달라져 오늘날에 이르렀다. 마오타이가 과거의 방식을 변함없이 유지하는 데 비해 우량예는 지속적으로 새로운 기술을 받아들이고 있다. 우량예의 독특한 맛과 향의 비결은 곡식 혼합비율과 첨가되는 소량의 약재(藥材)의 내용에 달려 있다. 이것은 수백 년에 걸쳐 기술자들 사이에서만 전해지는 일급(一級)비밀(秘密)로서 진품(眞品)의 확산(擴散)을 방지(防止)하는 데 그 목적(目的)이 있다고 한다.

(3) 죽엽청주(竹葉靑酒)

죽엽청주

죽엽청주는 산서성(山西省) 행화촌(杏花村)의 대표적인 약미주(藥美酒)로 고량주(高粱酒)에 10여 가지의 약재를 침출(浸出)시키고 당분(糖分)을 첨가(添加)한 술로서 노란빛을 띠며 매우 향기로운 황주(黃酒)이다. 이 술에서는 대나무 특유의 은은한 향을 느낄 수 있다. 특히 오래된 것일수록 깊은 향기가 난다고 한다. 알코올 도수는 48~50% 정도이고 마시다 보면 입안에 감도는 단맛에 술잔을 뗄 수 없다고 한다. 이 술은 양나라 때부터 유명했는데 기를 돋우고 혈액(血液)을 맑게 한다고 알려져 있다. 중국인들은 술로 즐기기에 앞서 보약(補藥)으로 생각하고 이 술을 마신다고 한다. 베이징 카오야를 먹을 때 곁들이기 좋은 술로 죽엽청주의 은은한 대나무 향과 오리고기의 부드러운 맛이 잘 어울린다.

(4) 분주(汾酒) : 펀지우

산서성(山西省) 분양현(汾陽縣) 행화촌(杏花村)에서 생산되는 증류주로 역사가 1500년에 이른다. 알코올 도수가 65% 정도 되는 강한 술이다. 술의 색깔은 맑고 투명하며, 향이 매우 좋고 오래간다. 색·향·맛이 모두 뛰어나 삼절(三絶)로 불린다. 분주는 당대 이전의 황주(黃酒)로부터 기원하였고, 후에 백주(白酒)로 발전하였다. 1914년 파나마 국제(國際)박람회(博覽會)에서 우승, 금상(金賞)을 수상하여 세계적(世界的)으로 인정받고 있다.

분주

주원료는 수수이며, 밀과 완두콩을 이용한 누룩으로 발효시킨다. 술을 빚을 때 신천수(神泉水)의 물을 이용하며, 땅에 묻어 3주 동안 발효시킨다. 이 과정을 두 번 더 되풀이하면 분주가 완성된다. 청(淸)나라의 경화록(鏡花綠)이란 책을 보면 전국의 10대 명주 중에서 분주를 최고로 꼽는다. 또 당(唐)나라 때 시인

두목(杜牧) 등의 시에도 등장한다.

(5) 양하대곡(洋河大曲)

강소성(江蘇省)에서 생산되는 증류주이자 백주(白酒)이다.
양하주는 달콤하고, 부드럽고, 연하고, 맑으며, 산뜻한 5가지
특징을 고루 갖춘 술이다. 수수(고량)를 양조한 뒤 오랫동안 항
아리에서 숙성시키는데, 자세한 주조과정은 알려져 있지 않으
며, 알코올 도수는 48%이다.

양하대곡

청(淸)의 건륭제(乾隆帝)가 이 술을 마시기 위해 일부러 강소
성(江蘇省)을 방문해 7일 동안 머물렀다고 전해질 정도로 오래전부터 명주로 이름을
얻었다. 이 무렵부터 황실의 공품(供品)이 되었고, 중국 국내(國內)는 물론 각종 국제
적인 주류(酒類) 품평회(品評會)에서도 여러 차례 상을 받았다.

중국의 다른 전통(傳統) 백주(白酒)와 비교할 때 많은 양을 마시더라도 취기가 덜
하고, 음주(飮酒) 후에 느끼는 거북한 느낌도 훨씬 적다. 탕수육(糖醋肉)과 곁들여 마
시면 좋다.

(6) 노주특곡(蘆酒特曲)

사천성(四川省) 노주(瀘州)에서 생산되는 증류주이자 백
주(白酒)이다. 알코올 농도는 45%이다. 수수(고량)를 양조
한 뒤 오랫동안 항아리에서 숙성시키는데, 중국의 백주 가
운데서도 가장 오랫동안 발효시키는 술 가운데 하나로 유명
하다. 400여 년의 역사를 가지고 있으며, 가장 오래된 술은
300년이나 된다고 한다.

노주특곡

일찍부터 중국 17대 백주의 하나로 인정받았고, 1917년 파나마 국제(國際) 주류
(酒類) 품평회(品評會)에서 금상(金賞)을 수상하면서 세계적으로도 알려지기 시작하
였다. 1953년에는 중국의 8대 백주로 선정되었다. 값이 비싸지 않아 서민들이 즐겨

마시며, 발효기간이 길어 색깔이 아주 맑고 독특하면서도 짙은 향기가 난다. 아시아와 유럽 등지에도 수출(輸出)된다.

(7) 고정공주(古井貢酒)

고정공주

고정공주는 농향형(濃香型) 대곡형태의 백주로서 중국 안휘성(安徽省) 호현(亳縣) 고정공주 공장에서 생산한다. 호현(호주의 현칭)은 역사적으로 유명한 지방으로 동한(東漢) 시기의 조조(曹操)와 화타(華陀)의 고향이다.

일찍이 동한시기부터 호주(호현의 구칭)의 술은 유명했다.

고정공주를 빚는 물은 우물물인데 그 우물은 남북조(南北朝)시대의 유적(遺跡)이고 1500여 년의 역사를 갖고 있다.

명조(明朝)시기 명신종(萬曆帝)이 이 술을 마시고 공주(貢酒)라고 이름을 지어주었다. 그 후로부터 명청(明淸)시기의 400여 년 동안 고정공주는 줄곧 황제들의 공품이 되었다. 이 술은 고량(考量), 소맥(小麥), 대맥(大麥), 완두(豌豆)를 주원료로 하며, 화사한 맛은 모란에 비유될 정도이다.

(8) 동주(董酒)

귀주성(貴州省) 준의시(遵義市)에서 생산되는 술로 1963년 귀주성의 명주로 뽑혔던 동주는 1963년에 열린 제2회 전국주류평가대회에서 최고상인 금장을 받아 국가 명주의 반열(班列)에 들었으며 이후 세 번의 대회(大會)에서도 금장을 획득(獲得)했다.

동주

동주의 누룩에는 130여 종의 약초(藥草)와 약재(藥材)가 들어간다. 여기에는 중국의 유명한 8대 향료(香料)도 들어 있다. 이들 약재는 누룩이 만들어지는 과정에서 대부분 미생물(微生物)에 의해 분해(分解)된다. 분해과정에서 산, 알코올, 에스테르, 페놀 등을 미량 형성하기도 하는데 이들 화학성분은 1백여 종에 달하는 것으로 알려져 있다. 뷰티르산과 고급 알코올산의 함량이 상대적으로 높아 여타 술의 3~5배이며 풍성한 향과 오묘한 맛을 지니고 있다.

4) 기타 주류

(1) 고량주(高粱酒)

고량주

수수를 원료로 하여 제조한 것을 고량주라 하며 고량주는 중국의 전통적인 양조법으로 빚어지기 때문에 모방(模倣)이 어려울 정도의 독창성(獨創性)을 갖고 있다. 누룩의 재료는 일반적으로 대맥(大麥), 작은 콩이 사용되나 소맥(小麥), 메밀, 검은콩 등이 사용되는 경우도 있으며 숙성과정의 용기는 반드시 흙으로 만든 독을 사용한다. 전통적인 주조법이 이 술의 참맛을 더해주며, 지방성(脂肪性)이 높은 중국요리(中國料理)에 없어서는 안되는 술이다. 색은 무색(無色)이며 장미향을 함유하는 경우도 있고, 고량주 특유의 강함이 있으며 독특한 맛으로 유명하다. 알코올 도수는 59~60% 정도이며 천진산(天辰山)이 가장 유명하다.

(2) 소흥가반주(紹興加飯酒)

중국 명주의 하나로 황색(黃色) 또는 암홍색(暗紅色)의 황주(黃酒)이다. 4000년 정도의 역사를 갖고 있으며 오래 숙성할수록 향기가 좋아져 상품가치가 높아진다.

주원료는 찹쌀에 특수한 누룩을 사용하는 방법이 일반적이며, 누룩 이외에 신맛이 나는 재료나 감초(甘草)를 사용하는 경우도 있다. 제조방법은 찹쌀에 누룩과 술약을 넣어 발효시키는 복합발효법이 사용되나, 창의적인 방법에 따라 독특한 비법이 내포되어 있다. 소흥주(紹興酒)의 알코올 도수는 14~16%로 낮다.

(3) 오가피주(五加皮酒)

고량주를 기본 원료로 하여 목향(木香)과 오가피(五加皮) 등 10여 종류의 한방약초(韓方藥草)를 넣어 발효시켜 침전(沈澱)한 정제탕으로 맛을 가미(加味)한 술이다. 알코올 도수는 53% 정도이고 색깔은 자색(紫色) 또는 적색(赤色)이다. 신경통(神經痛), 류머티즘, 간장 강화 등에 약효(藥效)가 있는 일명 불로장생주(不老長生酒)이다.

(4) 이과두주(二鍋頭酒)

증류과정을 2번 거친다 하여 이과두주라 불린다. 중국인의 가장 대중적인 술로, 마오쩌둥(毛澤東)이 '인민을 위하여 그 값을 저렴하게 하고 그 맛은 최고로 하라'고 명했다는 설이 전해진다. 알코올 도수는 56%이다.

이과두주

(5) 공부가주(孔府家酒)

명대(明代)부터 생산된 공부가주는 공자(孔子)에게 제사(祭祀)를 지낼 때 쓴다. 이후 공자 가문(家門)에 드나드는 손님을 접대하기 위한 연회주(宴會酒)로 쓰인 것이다. 청대(淸代) 건륭제(乾隆帝)도 즐겨 마셨던 것으로 알려진다. 은은한 배 향이 나며 맛은 순하고 조금 달콤하다. 알코올 도수는 35~39%이다.

(6) 백년고독(百年孤獨)

양질의 수수와 대미(大米), 밀 등을 원료로 하여 정제하고, 천년수하의 물로 빚어낸 보리소주이며 알코올 도수는 38%로 비교적 순한 편이다.

5) 중국 술문화의 예절

① 술을 받으면 테이블을 가볍게 세 번 두드림으로써 예의를 표한다.

② 중국의 술은 독하므로 우리나라에서처럼 벌컥벌컥 들이켜서는 안 된다. 단 '깐

빼이(乾杯)'라고 외치며 술을 권할 때는 잔을 완전히 비우는 것이 예의이다.

③ 상대방의 술잔이 항상 가득 차도록 수시로 첨잔한다.

④ 잔을 돌리지 않는다.

⑤ 술에 취해 주정을 부리는 것은 절대 금물. 중국인은 술에 취해 실수하는 것을 상당히 싫어한다.

6. 중국의 차문화

1) 중국차의 역사

중국의 차는 신농(神農 : 기원전 2700년경)이 찻잎을 씹어 해독(解毒)의 약효(藥效)를 보던 이전부터 차나무 자생(自生)지역에 사는 사람들에 의하여 음식으로 만들어 먹거나 생잎을 그대로 씹어 먹는 등의 방식으로 이용되었던 것으로 추정된다. 육우(陸羽)의 다경(茶經)이 저술된 당대(當代: 618~907)에 이르러 생활 속에 보편화(普遍化)되었고 《다경》의 정행검덕(精行儉德 : 차는 성질이 매우 차서 이를 이용하기에 적합한 사람은 행실이 맑고 겸허한 덕을 갖춘 사람이어야 한다.)은 지금까지 중국의 다도(茶道)정신(精神)으로 이어지고 있다. 당대에 떡차를 빻아서 솥에 끓여 마시는 자다법(煮茶法)이 시작되었으며, 오대(五代)에는 탕사라는 차모임이 결성되어 차문화가 교류되었다.

송대(宋代 : 960~1279)와 명대(明代 : 1368~1644)의 초기까지는 덩이차를 가루내어 찻사발에 넣어 찻솔로 풀어서 거품을 내어 마시는 점다법(點茶法)이 주류를 이루어, 찻사발도 점차 넓은 다완을 사용하게 되었다. 명대는 태조 주원장(朱元璋 : 1328~1398)이 단차(團茶)의 제다법을 폐지하는 칙령(勅令 : 1391년)을 내려 생산이 끊겼으므로 잎차를 우려마시는 포다법(泡茶法)이 널리 이용되었다.

찻그릇은 차의 향과 맛을 보존하기 위해 자기류를 선호하게 되었으며, 제조과정이 비교적 간단한 잎차가 생산됨으로써 서민들에게까지 일반화되었다. 청대(淸代)에 이르러 국민 생활차로 정착되었던 중국의 차문화는 근세(近世)의 공산화(公産化)로 인하여 퇴폐문화(頹廢文化)로 간주되어 쇠퇴하여 침체(沈滯)되었으나 타이완은 상업화(商業化)에 성공하여 차시장을 통해 세계 각국에 청차문화를 전파하였다. 중국의 문호(文豪)가 다시 개방되면서 문화교류(文化交流)의 재계와 함께 타이완이나 홍콩차인들의 중국 본토 방문 등에 힘입어 1980년대 이후 비로소 '차문화(茶文化)'가 신조어(新造語)로 출현(出現)하게 되고 점차 복원(復元)되어가고 있다. 특히 1990년대 이후 다양한 방면으로 문화교류가 활발해지면서 차문화의 교류도 급속히 확대되어 가고 있으며 차는 중국인들에게 다시 일상의 일부가 되고 있다.

중국은 지역과 민족에 따라 제다의 방법과 차를 마시는 풍습(風習)이 다양하여, 소수민족이 많은 운남성(雲南省)과 사천성(四川省)은 흑차(黑茶)인 보이차와 타라 등을 즐기며, 복건성(福建省)과 광동성(廣東省) 일대는 우롱차(烏龍茶)인 무이암차(武夷巖茶)와 재스민꽃 향을 착향한 재스민차를 즐기며, 저장성(浙江省)과 강서성(江西省) 일대는 녹차(綠茶)인 용정차(龍井茶)와 벽라춘(碧螺春) 등을 즐긴다.

2) 현대 중국차의 종류

중국의 차는 가공방법에 따라 녹차(綠茶), 백차(白茶), 황차(黃茶), 청차(淸茶, 오룡차), 흑차(黑茶), 홍차(紅茶) 등의 6가지로 분류한다. 녹차는 살청과 건조방식에 따라 솥에서 덖어 만든 초청녹차(炒靑綠茶), 건조기에 건조하는 홍청녹차(烘靑綠茶), 햇볕에 말리는 쇄청녹차(曬靑綠茶), 증기를 이용하여 살청하는 증청녹차(蒸靑綠茶) 등으로 구분하고 있다. 또 가공과정에서 특정처리를 하여 재가공하는 차류가 있다.

3) 중국의 10대 명차

중국은 명차(名茶) 생산(生産)을 위한 최적(最適)의 조건(條件)을 갖추고 있다.

첫째, 명차 생산을 위한 최적의 자연(自然)·지리적 조건을 가지고 있으며, 둘째,

상류층(上流層)부터 민간(民間)에 이르기까지 음다문화(飮茶文化)가 폭넓게 확산(擴散)되어 있으며, 셋째, 오래전부터 다학(茶學)이 뿌리내려 학문적인 역량(力量)을 축적(蓄積)하고 있다. 명차는 좋은 차나무 품종(品種)에서 섬세하게 찻잎을 채취(採取)해 정밀하고 뛰어나게 가공(加功)한 후에야 얻을 수 있는 고급차를 일컫는 말이다. 즉 색, 향, 맛, 형태 등 품질의 우수성은 물론이고 문학적 배경과 예술성까지 지니고 있어야 비로소 명차의 반열에 오를 수 있다. 결국 명차의 필수조건(必須條件)을 정의해 보면 좋은 품종, 제다기술, 문화적 명성이라고 할 수 있다.

중국의 10대 명차는 지속적으로 변화하고 있지만 이는 시대와 사람마다 그 선정기준이 다르다.

(1) 백호은침(白毫銀針)

백호은침은 복건성(福建省)의 복정(福鼎), 정화(政和) 두 현에서 생산되는 대표적인 백차(白茶)이다. 복정현은 1885년부터, 정화현은 1889년부터 차를 만들기 시작하였으며, 1982년 전국의 명차로 선정되어 명차의 반열에 올랐다. 백호은침은 화북(華北)지방에서는 불로장수차(不老長壽茶)로 불리며, 추위와 더위를 피하게 하는 치료(治療) 보양차로써 애용(愛用)되어 왔다. 1891년부터 수출(輸出)되기 시작하였으며, 유럽에서는 홍차(紅茶)를 마실 때 은침(銀鍼)을 몇 잎 넣어 존귀(尊貴)함을 표시하기도 한다. 찻잎을 창(槍)과 기로 분리해 광주리에 펼쳐놓고, 통풍이 잘 되는 그늘에서 80~90%로 건조하고, 30~40도에서 천천히 증제한다.

찻잎은 두텁고 바늘처럼 뾰족하며, 은백색 백호(白毫)로 덮여 있다. 복정에서 생산되는 찻잎은 백호가 많고 백색의 광채(光彩)가 나며, 탕색은 연한 황색을 띠고 맛은 상쾌하고 신선하다. 한편 정화에서 생산된 차는 맛이 깊고 청아한 향기가 특징이다. 봄에 돋아난 차 싹만 차의 원료로 사용하고 여름과 가을에 나는 찻잎은 약하고 작아서 백호은침의 재료로 사용하지 않는다.

(2) 서호용정(西湖龍井)

서호용정차는 중국을 대표하는 녹차(綠茶)의 하나이며, 절강성(浙江省) 항주(杭州) 서호(西湖) 일대에서 생산되는 초청녹차(炒靑綠茶)이다. 용정차(龍井茶)는 용정사에서 차를 재배하는 것에서 유래되었다.

용정차는 사봉용정(獅峯龍井), 매오용정(梅塢龍井), 서호용정(西湖龍井)으로 구분하는데 이 중에서 사봉용정이 가장 좋은 평가를 받고 있다. 1965년부터는 서호용정차로 그 명칭을 통일하였다. 용정차의 외형은 납작납작하고 평평하며 비취색이 감돌고 윤기가 난다. 용정차의 특징은 신선한 벽록색 빛깔, 싱그러운 향기, 부드러운 맛, 아름다운 찻잎 모양으로 요약되는데, 이를 용정차의 사절(四節)이라 표현하고 있다. 탕색은 연한 녹색이다. 맛은 단맛이 나면서도 산뜻하고 고소하다.

(3) 동정벽라춘(洞庭碧螺春)

강소성(江西省) 소주시(蘇州市) 태호(太湖)에 있는 동정산(洞庭山)에서 생산되는 차로 독특한 형태, 깔끔한 색상, 농후한 향기, 순수한 맛을 지닌 초청녹차(炒靑綠茶)이다. 동정산은 기후가 온화하고 강수량이 풍부하여 차나무 재배에 최적의 조건을 갖추고 있다. 호수를 끼고 있어 습도가 높으며, 토지는 산성을 많이 함유하고 있어 차나무가 자라는 데 양호한 환경을 제공하고 있다. 이 차에는 일눈삼선(一嫩三鮮)이라는 별명이 있는데, 눈(嫩)은 아주 어린 잎을 의미하며, 선(鮮)은 빛깔, 향기, 맛 세 가지가 신선하다는 의미를 가지고 있다. 이 차는 섬세한 수공작업이 들어가기 때문에 가격도 대단히 비싸다. 벽라춘(碧螺春)은 7등급으로 나누어진다. 1등급에서 7등급으로 갈수록 찻잎이 크고 털은 갈수록 적다. 찻잎 표면이 백호로 덮여 있어 은백색을 띤다. 향기가 곱고 맛은 담백하면서도 단맛이 오랫동안 입안에 남는다. 탕색은 선명한 벽록색이다.

(4) 황산모봉(黃山毛峰)

황산모봉은 황실 공차(貢茶)의 하나로, 청나라 때부터 중국 명차로 지정되었다.

1875년 청나라 광서연간에 사유태다장(謝裕泰茶莊)을 운영하던 사정화(謝靜和)가 청명 전에 황산(黃山) 고지대(高地帶)의 어린 잎을 따서 모봉차(毛峰茶)를 만든 것이 유래가 되었다. 황산은 중국 5대 명산 중 하나이며, 예로부터 여러 종류의 명차가 생산되어 왔던 지역이다. 그중 황산 일대 해발 700~1,200m 사이의 다원(茶園)에서 생산한 홍청녹차(烘青綠茶)가 황산모봉이다.

찻잎은 황록색으로 윤기가 나며 작설(雀舌)형 모양이 특징이다. 찻잎의 어린 정도와 크기와 빛깔이 균등하고 가지런하다. 일아일엽(一芽一葉)을 채취하며, 차잎 전체에 작고 흰 은빛털이 나 있어 귀한 풍채(風采)를 풍긴다. 탕색은 투명하고 침전물이 없으며 살구빛을 띠고 있으며, 향기는 부드럽고 맑고 상쾌하다. 감칠맛이 나는 단맛을 내며 신선하고 깔끔하다. 엽저(葉底)는 황색이 감도는 옅은 녹색으로 밝은빛을 띤다.

(5) 군산은침(君山銀針)

군산은침은 중국 호남성(湖南省) 악양현(嶽陽縣)의 동정호(洞庭湖) 가운데 있는 군산섬(君山島)에서 나는 차를 말한다. 군산은침은 생산량이 적어 희소가치(稀少價値)가 있다.

황실(皇室) 진상품이었던 군산은침은 차나무 10여 그루가 싹이 틀 즈음에는 다른 사람들이 훔쳐가는 것을 미연에 방지하기 위해 군대를 파견하여 지키게 하였다고 한다. 차나무가 굵고 가지가 드물어 찻잎이 굵고 단단하다. 한 근의 차를 만들기 위해서 약 2만 5천 개의 차 싹이 소요된다. 차 싹은 백호가 많고 잎의 모양은 곧고 가지런하며 담황색(淡黃色)을 띠고 있다. 군산에서는 원래 녹차(綠茶)를 생산하였는데, 후대로 가면서 황차(黃茶)로 바뀌었다. 차 향기는 맑고 맛은 달고 부드러우며, 우려낸 차의 빛깔은 밝은 등황색(橙黃色)으로 청량하고 상쾌하다.

(6) 안계철관음(安溪鐵觀音)

철관음은 복건성(福建省) 안계현(安溪縣) 요양향(蟯陽鄉), 서평, 장항, 검덕을 중

심으로 생산되는데, 철관음이란 오룡차를 만드는 차나무 품종의 이름이다. 청 건륭 (乾隆) 초기부터 지금까지 약 200여 년의 역사를 가지고 있다.

철관음은 춘분(春分)을 전후하여 매년 4번의 찻잎을 딴다. 찻잎의 형상은 타원형 (楕圓形)으로 잎 가장자리의 톱날은 엉성하고 둔하다. 잎의 두께는 두껍고 도톰하며, 잎맥이 분명하게 드러나 보인다. 색은 진한 녹색에 기름기가 있고 광택이 나며, 여린 잎 또한 도톰하고 약간의 자홍색을 띤다. 차를 우려내면 무게가 약간 무거운 듯 철과 같이 가라앉는다. 차의 향기는 그윽하고 진하며, 탕색은 금황색으로 진하며 밝고 맑 고 투명하다.

(7) 몽정차(蒙頂茶)

몽정차는 중국 사천성(四川省) 명산현(名山縣)에 있는 몽산(蒙山) 5봉 중의 하나인 몽정(蒙頂)에서 생산된다. 몽산은 비가 자주 내리고 구름과 안개가 많고 기온이 낮은 기후조건을 가지고 있어 차나무가 자라는 데 적합한 환경을 갖추고 있다.

몽정차는 고온에서 살청(殺靑)하여 차를 만든다. 찻잎의 외형은 가는 바늘 같은 모 양의 잎이 오그라지고 잔털이 많다. 색깔은 녹색을 띠고 있다. 차를 우리면 찻잎이 서서히 가라앉으며 찻잎이 펼쳐진다. 탕색은 황금빛을 띤 녹색으로 맑고 투명하게 빛난다. 그윽하게 널리 퍼지는 상쾌한 향기가 오래 지속된다. 그 맛은 달콤하고 신선 하며 감칠맛이 난다. 몽정차의 종류에는 몽정감로(蒙頂甘露), 몽정석화(蒙頂石花), 몽정황아(蒙頂黃芽) 등이 있다.

(8) 무이대홍포(武夷大紅袍)

대홍포(大紅袍)는 복건성(福建省) 무이산(福建省) 동북부 천심암(天心岩) 부근 벼 랑 위 42그루 관물(官物) 차총(又銃) 천년 고차수(古茶樹)로 만든 차이다. 이 고차수 를 모수(母樹)로 하여 무성(無性) 재배기술로 자수 생산에 성공하여 생산한 것이 현 재의 무이대홍포이다. 모수의 품질과 맛을 그대로 재현했다는 평가를 받고 있다. 천 심암 큰 바위에는 주덕이 쓴 대홍포란 글자가 새겨져 있는데, 이른 봄 찻잎이 발아할 때 멀리서 보면 그 붉은 모양새가 홍포(紅袍)를 뒤집어쓴 것같이 보인다 하여 대홍포라고 하였다. 반발효된 대홍포는 녹차의 맑은 색과 향을 지니면서도 잘 발효된 홍차의 진한 빛깔과 단맛을 겸비하고 있으며, 녹차의 쓴맛과 홍차의 떫은맛을 거의 느낄 수 없고 차의 성질이 차갑지 않아 어떤 체질과도 쉽게 조화를 이룬다. 향기는 맑게 오래 지속되어 맛은 깊고 그윽하여 입안에서 오랫동안 여운이 남는다.

(9) 기문홍차(祁門紅茶)

안휘성(安徽省) 서남(西南)부 황산지맥의 기문현(祁門縣) 일대에서 생산되는 대표적인 공부홍차이며, 기홍(祁紅)이라고도 한다. 공부홍차(工夫紅茶)는 아주 정성들여 만든 홍차 혹은 공부종의 품종으로 만든 차라는 의미를 갖고 있다. 기문지역은 홍차 생산에 적합한 자연조건을 가지고 있는데, 100~350m 언덕 구릉지대를 형성하고 있으며, 온화한 기후조건, 비옥한 산성토양, 봄, 여름에 내리는 적정량의 이슬비, 적당량의 일조량은 찻잎을 부드럽게 하고, 여린 잎을 장기간 유지하여 최상의 찻잎 생산을 가능하게 한다.

(10) 운남보이차(雲南普洱茶)

보이차는 중국 운남성(雲南省) 일대에서 나는 대엽(大葉)종 쇄청모차를 원료로 하여 발효를 거쳐 만들어진 산차(山茶)와 긴압차(緊壓茶)라고 정의한다. 보이차는 제조기법에 따라 생차와 숙차로 나눈다. 생차는 쇄청모차(曬靑毛茶)를 증기압(蒸氣壓)시킨 후 자연발효시킨 차이며, 숙차는 쇄청모차를 발효시킨 후 증기압이나 쾌속발효시켜 만든 차를 말한다. 위장에 좋은 차이다.

Chapter 2

중국음식의 재료별 조리방법과 재료처리(조작)방법

중국음식은 뜨거운 물에 데치거나 기름에 데치는 등의 애벌조리를 한 다음 소스를 넣어 걸쭉하게 만들거나 조리는 등의 두 단계를 거쳐 조리하는 것이 특징이다. 볶는 방법의 조리가 전체의 80%를 차지하며, 조리방법은 기름을 이용한 조리법과 물을 이용한 조리법, 증기를 이용한 조리법 등이 있다.

1. 기름을 이용한 조리법

① 煎(짼-전) : 기름에 지지다

팬에 기름을 두르고 미리 조미하여 처리된 재료를 넣고 약한 불이나 중간불로 가열하여 재료를 익히는 조리법으로, 색은 황색으로 변하고 바삭바삭해지고 속은 부드럽게 된다. 다만 수분이 비교적 많은 재료는 밀가루나 녹말을 묻혀서(싸서, 섞어서) 지진다.

② 炸(짜아-) : 튀기다

다량의 뜨거운 기름에 재료를 넣은 후 적당한 시간이 경과하면 겉은 바삭바삭해지고 속은 익어서 부드러워지며 재료의 고유한 맛을 살릴 수 있다. 요리에 따라 재료의 특성과 썰어놓은 모양이 각기 다르므로 기름의 온도나 불의 세기를 조절해야 하고 튀김옷이 달라야 한다. 불린 녹말은 탕수육이나 라조기 등과 같이 나중에 소스를 뿌리는 요리에 사용되고 달걀 흰자는 재료에 흰자를 풀어서 넣고 녹말가루와 밀가루를 주물러 넣고 튀긴다. 노른자는 음식의 색을 노랗게 할 때 사용되며 재료에 밑간이 돼 있는 것은 녹말가루를 얇게 묻혀 튀긴다. 소스를 만들 때는 감자전분을 사용하고 튀김을 할 때는 옥수수전분을 사용한다.

③ 淸炸(칭-짜아)

재료에 간을 하지 않고 전분을 묻히지 않은 채로 튀기는 것이다.

④ 乾炸(깐-짜아)

재료에 간을 조금하여 튀김옷을 입혀 튀기는 방법이다.

⑤ 溜(류-)

류의 요리는 매끈하고 부드러운 것이 특징이다. 재료를 먼저 기름에 튀기거나 삶거나 찐 후 여러 종류의 조미료를 혼합하여 삶고, 소스가 걸쭉하게 되면 섞거나 주재료 위에 끼얹는 조리법이다. 소스는 요리를 부드럽게 하며 식지 않고 굳지 않게 한다. 소스를 끓일 때에는 센 불에서 빨리 완성해야 주재료의 향기와 부드럽고 연한 맛을 느낄 수 있다. 조미료에 따라 여러 종류로 나눌 수 있다. 예) 류산슬

⑥ 爆(폭-뻐우)

재료를 센 불에서 재빨리 조미하고 볶는 조리법이다. 재료 원래의 맛을 유지시킬 수 있고 아삭아삭하고 부드러운 맛을 살릴 수 있다.

⑦ 炒彩(초채)

강한 화력을 이용하여 재료와 조미료를 빠른 속도로 볶아내는 요리를 말한다. 중

국식 볶음은 불 조절을 잘해야 한다. 미리 팬을 달궈 빠른 시간에 볶아내야 재료의 본래 맛을 느낄 수 있으며, 재료 크기가 일정해야 하고 기름에 파, 마늘, 고추, 산초 등으로 향을 낸 후 볶아야 음식맛의 뒤끝까지 향을 느낄 수 있다. 예) 팔보채, 회과육, 북경식 상어지느러미요리, 청조육사, 공보기정, 라조기, 부추잡채 등

⑧ 烹(팽)

삶다. 물을 이용하여 조린 것에 주재료를 미리 간하여 튀기거나 지지거나 볶아 다시 부재료와 섞어 센 불에서 탕즙을 졸이는 방법이다.

⑨ 汆(탄)

기름을 재료의 1/5 정도 넣고 140~160℃의 온도에서 천천히 익히는 방법으로 작의 조리법과 유사하나 연하고 부드럽다.

⑩ 油浸(유침)

180~200℃의 기름에 요리재료를 재빨리 넣었다가 꺼내는 조리방법으로 주로 생선요리에 이용되며, 특징은 재료의 신선한 맛을 즐길 수 있다는 것이다. 또한 사용한 기름에 따라 기름의 향을 즐길 수 있는 특징이 있다. 기름에 튀긴 후 꺼내어 소스를 뿌려 완성하는데, 소스의 재료로 소금, 간장, 후춧가루, 술, 물을 사용하여 즙을 만들어 튀긴 생선 위에 얹은 후 파, 생강을 채썰어 위에 얹는다.

2. 물을 이용한 조리법

물을 이용한 조리법은 가장 간편하면서 원시적인 조리법이다. 탕과 수프 등이 있으며 물녹말을 이용하여 걸쭉하게 끓이기도 한다. 맑은 탕이나 수프의 맛내기 요령은 마른 새우의 국물이 얼마나 깊이 우러났느냐에 따라 달라지며, 육수가 바글바글 끓을 때 물녹말을 넣어 완성한다. 또한 센 불에서 단시간에 끓이는데, 재료는 미리 삶거나 데쳐야 시간을 절약하며 국물이 맑게 되고 담백한 맛을 낼 수 있다.

① 문

뚜껑을 꼭 닫고 약한 불에 천천히 삶는다. 이미 처리된 재료를 먼저 물에 끓이거나 기름에 튀긴 뒤 다시 소량의 육수와 조미료를 넣어 약한 불로 오랜 시간 삶아 재료가 푹 고아져서 즙이 걸쭉해질 때까지 졸인다.

② 외

뭉근한 불에서 오랫동안 끓이는 것으로 육수를 만들 때 사용한다.

③ 뚠—돈

탕에 재료를 넣고 오래 가열(달이는 방법)하는 것으로 북방식 요리법이다. 중탕하기도 하는데 남방·광둥식과 동일 요리법으로 약한 불에서 오랫동안 끓이는 방식이며 약선요리 등에 많이 이용한다.

④ 소

조림을 뜻한다. 튀기거나 볶거나 가열하여 재료에 조미료나 육수 또는 물을 넣고 센 불에서 끓여 맛과 색을 정한 다음 약한 불에서 푹 삶아 익히는 방법이다. 재료에 따라 중간중간 양념장을 끼얹어가며 중간불에서 은근하게 조려야 재료의 독특한 맛을 낼 수 있다.

⑤ 배

기본조리법은 소와 같지만 조리시간이 더 길다. 완성된 요리는 부드럽고 녹말을 풀어 맛이 매끄러우며 즙이 많다. 요리의 모양이 흐트러지지 않아야 한다.

⑥ 자 : 삶는 요리

신선한 동물성 재료를 잘게 썰어 그릇에 넣고 센 불에서 끓이다가 약한 불에서 서서히 조리는 방법이다.

⑦ 쇄

채소나 고기를 뜨거운 물에 살짝 담가 익으면 소스에 찍어먹는 것으로 샤브샤브와 비슷하다.

3. 녹말을 이용한 조리법

① 녹말물

녹말가루와 물을 1 : 1의 비율로 넣어 고루 섞어준다. 물녹말은 재료의 맛을 유지해 주고 재료에서 맛있는 성분이 우러나오는 것을 막아주며 맛이 고루 어우러지게 한다.

② 불린 녹말

녹말가루를 그릇에 담고 녹말가루가 푹 잠기도록 찬물을 넉넉히 붓고 고루 섞어 10분 정도 가라앉힌다. 윗물이 맑아지면 물은 따라버리고 앙금만 쓰는데 냉장고에 보관하여 사용한다. 튀김옷으로 녹말가루 대신 사용하면 옷이 쉽게 벗겨지지 않고 쫄깃한 맛을 즐길 수 있다.

4. 증기를 이용한 조리법

찜은 재료의 신선도와 영양소를 유지하면서 담백한 맛을 낼 수 있고 기름기가 없어 건강식으로 많이 이용되는 조리법인데, 재료에 따라 불 조절을 잘해야 한다. 즉 만두는 강한 불에서 단시간에 쪄내야 하며 달걀찜이나 두부찜은 약한 불에서 뭉근히 쪄내야 한다. 또한 물을 넉넉히 붓고 물을 먼저 끓이다가 찜기를 올려야 하며 대나무 찜기를 이용해서 쪄야 위생적이며 좋은 향을 낼 수 있다.

① 蒸(쯩)

수증기를 이용하여 재료를 익히는 방법으로 청증·포증·분증 등이 있는데, 재료를 조미료로 재어 중탕하는 방법이 청증이고, 분증은 오향초분과 같은 조미료를 고루 넣고 그릇에 담아 수증기로 찌는 방법이며, 포증은 조미한 재료를 연잎이나 대나무잎으로 싸서 찌는 것을 말한다.

5. 건식조리법

가장 오래된 조리법으로 누구나 즐길 수 있는 조리법이다.

구이는 굽기 전에 미리 밑간을 해두었다가 구워야 맛있는 요리를 먹을 수 있는데, 양념했을 땐 불을 약하게 하고 양념소스를 여러 번 발라가며 구워야 맛있다. 그 외 구이는 센 불에서 거리를 두고 석쇠에서 단시간에 익혀야 한다.

① 고

건식조리법으로 재료를 불에 굽거나 오븐에 익히는 방법이다. 건조하고 뜨거운 열과 복사열로 재료를 익히는 방법으로 훈제하는 방법과 비슷하다. 사용되는 연료로는 천연연료인 나무, 숯, 석탄, 가스 등이 쓰이며 북경요리가 대표적이다.

② 염국

소금을 열 전달매체로 활용하는 것으로 요리재료를 면수건이나 투명종이로 싸서 소금 속에 묻어 놓고 열을 가하여 익히는 방법이다. 한 번 열을 받은 소금은 쉽게 식지 않아 재료를 익히는 구이 등에 이용된다.

새우구이 등 해산물을 이용하여 조리하면 더욱 맛을 낼 수 있다.

6. 재료별 조리방법

1) 육류조리법과 특징

(1) 쇠고기 조리법과 특징

쇠고기는 선홍빛의 싱싱한 재료를 사용해야 하고, 결을 살려 썬 후 핏물을 뺀 다음 청주와 소금, 간장으로 양념하여 20분 정도 재워두었다 조리한다. 고기 조리 시 팔 각 등의 향신료를 넣어 누린내를 없애는 것이 특징이며, 녹말가루는 조금만 넣고 고 기는 기름에 데친 후 볶는다. 쇠고기에 곁들이는 채소는 살짝만 익혀야 한다. 쇠고기 와 송이볶음, 마라우육, 쇠고기양상추쌈 등의 요리가 있다.

(2) 돼지고기 조리법과 특징

부패가 빠른 돼지고기는 냉장고에서도 일주일만 지나면 냄새가 나므로 먹고 난 후 냉동고에 보관해야 하며, 싱싱한 돼지고기는 엷은 핑크색이 돌고 결이 고우며 윤기 가 난다.

돼지고기 조리 시 지방은 떼어내고 생강즙과 청주, 파 등으로 재어 누린내를 없앤 후 소스는 먹기 직전에 버무려 조리한다.

돼지고기는 표고와 함께 조리하면 잘 어울리며 돼지고기의 찬 성질과 마늘이 잘 어울리는 재료이며, 두반장은 콩과 고추로 만든 소스로 돼지고기와 열을 내는 고추 가 잘 어울리는 재료이다.

(3) 닭고기 조리법과 특징

싱싱한 닭은 껍질에 윤기가 돌고 살이 통통한 것으로 선택한다. 냉동육보다는 냉 장육이 맛있으며 특정한 부위 요리 시 한 마리 전체를 사는 것보다는 부위별로 사야 효과가 있다. 조리하기 전 청주와 생강 등으로 밑간을 미리 해서 누린내를 없앤다. 닭고기는 수분을 미리 제거한 후에 튀긴다.

2) 채소와 두부의 조리법과 특징

채소를 볶을 때는 센 불에서 재빨리 볶아내고 더디 익는 것부터 차례로 넣어 볶아 낸다. 채소는 되도록 모양을 살려 썰어야 되며 파는 미리 썰어둔다.

목이버섯은 미지근한 물에 미리 담갔다가 육수를 부어 잠깐 데쳐서 조리하면 더욱 맛있게 먹을 수 있다.

두부는 찬물에 담갔다 사용하며 망국자에 담아 데치면 부서지지 않고 깨끗하게 데 칠 수 있다. 또한 끓일 때 자주 저으면 부서지므로 자주 젓지 말아야 한다. 두부와 고 기는 중간불에서 소스를 끼얹어가며 조려야 한다.

7. 조리기술(조리조작)

1) 재료 썰기의 기본

(1) 絲(쓸)

채로 써는 것을 '쓸'이라 한다. 방법은 채로 썰고 싶은 길이로 자르거나 대개 5cm 정도로 섬유질의 방향대로 썰면 섬유질을 자르지 않아 아무리 가는 채로 썰어도 부 서지는 일이 없어 요리 후에 깨끗하다. 생선류와 고기류의 가공 시에는 0.4cm, 닭가 슴살 등의 세밀한 가공 시에는 0.2cm의 두께로 썬다.

(2) 片(편)

재료를 포 뜨듯이 한쪽으로 어슷하고 얇게 뜨는 것으로, 오른쪽에서 왼쪽으로 칼 을 넣어 떠주며 주로 육류나 어류, 표고버섯, 죽순 같은 것을 써는 데 적합한 조리 조 작기술이다.

손톱모양, 버들잎모양, 직사각형 모양, 코끼리눈모양, 초승달모양, 빗모양 등으로 조작할 수 있다.

(3) 丁(정)

네모꼴 썰기로 한식의 깍두기같이 써는 방법인데, 요리에 따라 크기가 달라진다. 육면체의 주사위모양을 말하며 대방정은 1.2cm 정육면체, 소방정은 0.8cm의 정육면체로 나누며, 가공 시에는 먼저 여러 갈래(조, 條)로 썬 후 정육면체로 썬다.

(4) 塊(꽐-)

조리원료를 덩어리형태의 모양으로 가공하는 것을 말하며, 일반적으로 직도법(칼을 직각으로 세워서 자르는 법)을 사용하며 자르기(切), 끊기, 쪼개기 등의 방법을 이용한다. 재료에 따라 변화가 있으며 형태에 따라 능형괴, 방괴, 장방괴, 배골괴, 곤도괴, 벽시괴 등이 있다.

(5) 條(티어우)

막대기 모양을 말하며 원료가공의 모양에 따라 장방보 5cm 두께와 넓이의 막대기 모양, 상아조(象牙條 : 원주형 식물의 가공에 적합)로 나뉜다.

(6) 沫(머-)

먼저 채(사, 絲)로 썰고 조그만 정의 모양으로 썬 후 직도법 중의 자르기를 이용해서 다지는 것을 말한다.

(7) 粒(리)

먼저 조(條), 사(絲)의 모양으로 썬 후 정사각형의 압자모형으로 썬 것을 말하며 크기에 따라 완두입, 녹두입, 미립으로 나눈다.

(8) 泥(니)와 茸(용)

재료의 껍질, 뼈, 힘줄을 제거한 후 곱게 다지는 것을 말한다.

중국요리의 주재료와 부재료 및 향신료와 가공소스류

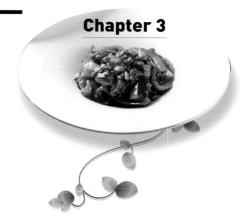

Chapter 3

1. 중국음식에 사용하는 식품재료

1) 육류 및 조류, 알류

음식이름	재료	중식재료의 사용범위와 영양 및 식품재료의 성질
대파쇠고기볶음	쇠고기	중국요리에서 많이 사용하며 조리법도 다양하다. 품질이 좋은 고기는 살이 단단하고 연하며, 미세한 결을 지니고 선홍색의 육색과 마블링이 선명하다. 쇠고기의 성분은 수분 92.7%, 단백질 20.1%, 지방 5.7%로 되어 있으며 내장 등에 비타민 A, B$_1$, B$_2$ 등과 무기질이 풍부하게 함유되어 있다.
광동식 탕수육	돼지고기	성질은 차고 맛은 달지만 기름에는 약간의 독이 있다. 중국사람들이 가장 선호하는 육류로서 총 소비의 90%가량을 차지하며 조리방법 또한 다양하다. 사용되는 부위는 등심, 살코기, 삼겹살, 뒷다리, 족발 등이 있다.

음식이름	재료	중식재료의 사용범위와 영양 및 식품재료의 성질
깐풍기	닭	달고 따뜻하며 흡수된 성분은 비경·위경으로 들어간다. 음식으로 몸을 보호하는 데 왕으로 불리며 기를 보하고 정을 더하게 한다. 병 후 수술환자, 산후 허약자, 노인식에 좋다. 중국요리에서 닭은 중요한 재료이다. 닭고기는 수육에 비해 연하고 맛과 풍미가 담백하며, 조리하기 쉬워 전 세계적으로 폭넓게 요리에 사용된다.
토마토달걀볶음밥	달걀	달걀은 개체 하나에 하나의 세포로 구성된 단세포로 되어 있으며 영양이 완전한 식품이다. 중국요리에서 많이 사용된다.
오품냉채	오리알	오리알에는 달걀의 2배 정도, 오리고기 9배 정도의 레시틴이 들어 있다. 노른자위는 세포막 구성성분인 인지질(燐脂質) 30%를 비롯해 비타민 A와 E, 리놀산 등을 함유하고 있다. 발효된 오리알은 채단 또는 피단이라고도 하는데, 신선한 오리알에 소금과 물을 넣고 여러 가지 향신료를 넣어 항아리에 넣고 2~3개월간 숙성시킨다.

2) 어패류 및 진귀한 재료

음식이름	재료	중식재료의 사용범위와 영양 및 식품재료의 성질
샥스핀찜	샥스핀	상어지느러미 요리는 좋은 상어의 커다란 지느러미만을 이용하여 요리하는 것으로, 상어지느러미의 비린내를 빼고 나면 상어지느러미 자체는 아무런 맛이 나지 않게 되는데, 이것으로 수프를 만들면 부드럽게 수프 국물이 스며들면서 아주 맛있어진다.
제비집수프	제비집	바닷가에 사는 제비는 해초, 새우, 은어 등을 먹은 뒤 끈적거리는 물질을 토해내어 자신의 집을 만든다고 하는데, 이 제비집으로 요리를 만든 것으로 최고의 별미이다(연미색의 제비집 모양으로 생겼다).

음식이름	재료	중식재료의 사용범위와 영양 및 식품재료의 성질	
해삼전복	일본산	건해삼과 생해삼(말리지 않은 해삼)이 있는데, 바다의 인삼이라고도 하는 귀하고 영양이 풍부한 요리재료이다. 특히 태음인 체질의 열이 많고 체격이 큰 사람들이 보양식으로 먹으면 좋다. 해삼은 비타민과 칼슘, 단백질이 풍부해 상어지느러미 부레와 함께 4대 강장식품이다. 해삼은 건해삼이 영양이 풍부하며 국산이 제일 좋은 상품 중 하나이다. 해삼은 일주일 정도를 삶았다 불리기를 거듭하여 불려서 사용한다. 성질이 달고 짜며 따뜻하다. 신기를 보호해 주고 정과 혈을 보호해 준다. 오장을 윤기있게 해주며 신체를 튼튼하게 해준다. 노화방지, 수명연장에 도움을 주며 소화력을 도와준다.	
송이해삼	국산		
해파리냉채	해파리	바다에서 나는 식재료로, 직경 3cm 이상의 크기로 색이 희고 광택 있는 것이 좋다.	
전복가리비냉채	마른 전복	중국인들은 마른 전복을 좋아하는데 건조과정에서 아미노산이 풍부해져 맛있어진다. 전복은 연황갈색으로 탄성이 있으며 큰 것이 좋다. 최근에 양식전복을 생산하고 있는데, 이것을 오분자기라고 한다.	
전복가리비냉채	패주(가리비)	생가리비	손바닥 크기의 가리비 조개 속의 패주를 말하며 부채꼴모양조개는 가리비라고 한다. 냉동관자, 말린 관자, 생물 관자 등으로 사용된다.
탕수조기	참조기	제삿상에 올라오는 생선 중 조기는 정력과 기력을 늘려주고 위장을 튼튼하게 하며 소화를 촉진시키기 때문에 설사를 하거나 복부가 찬 사람에게 좋다. 중국이나 한국요리에서 조기재료는 최고의 식재료로 튀기거나 찜 등에 사용된다. 특히 아토피를 앓는 어린이에게 좋다.	

음식이름	재료	중식재료의 사용범위와 영양 및 식품재료의 성질
우럭찜	우럭	우럭은 간기능 향상과 피로회복, 뇌신경을 진정시키고 세포생성에도 좋다. 함황아미노산은 동맥경화, 고혈압, 심근경색 등 성인병 예방에 좋다. 함황아미노산의 함량이 다른 어류에 비하여 매우 높으며, 필수지방산, 비타민 A도 많이 함유하고 있다. 우럭찜은 담백한 맛으로 중국인들이 선호하는 요리이다.
생선완자탕	동태	생태(동태)는 고단백, 저지방, 저칼로리 아미노산인 메티오닌, 나이아신이 포함돼 있어 우유나 계란과 효능이 비슷하다. 비타민 A도 들어 있어 시력향상에도 도움을 준다. 또한 메티오닌, 리신, 트립토판과 같은 필수아미노산이 많이 함유돼 있어 숙취해소에 탁월한 효과를 보이며 콜레스테롤 저하에도 도움이 된다.
꽁삐우장어	장어	장어는 말초혈관을 강화시켜 관절염의 통증을 완화시키는 효능이 있다. 철분과 비타민 A, B 등 칼슘이 많이 들어 있어 어린이 성장발육에 좋으며 시력을 보호하고, 남성정력에 좋다. 또 DHA, EPA, 레시틴 성분이 많이 들어 있어 뇌기능을 활성화시키므로 두뇌발달에 좋다. 장어구이튀김 등 다양한 요리에 사용한다.
오징어냉채	오징어	오징어는 성질이 평(平)하며 맛이 시다. 특히 기(氣)를 보(保)하고 의지를 강하게 하며, 월경을 통하게 한다(동의보감). 또한 심장질환을 예방하고, 소염효과, 항당뇨작용을 하여 혈당치를 떨어뜨리는 역할과 간장의 해독기능을 강화한다. 그러나 오징어는 산성식품이기 때문에 위산과다증이 있거나, 소화불량, 위궤양, 십이지장궤양이 있는 사람은 삼가는 것이 좋다.

3) 어패류 및 갑각류

음식이름	재료	중식재료의 사용범위와 영양 및 식품재료의 성질
굴탕면	굴	굴은 말려두었다가 요리에 사용할 때 불려서 쓴다. 성질이 달고 짜며 평이하다. 정신을 편안하게 해주고 독을 풀어주며 결핵으로 신체가 허약한 사람에게 좋다.

음식이름	재료	중식재료의 사용범위와 영양 및 식품재료의 성질
 왕새우튀김	 왕새우	새우는 메티오닌, 라이신 등을 비롯한 필수아미노산이 풍부하고 양기를 북돋워 스태미나의 근간이 되는 신장을 강화시킨다. 또 새우는 칼슘을 많이 함유하고 있어 골다공증이나 골연화증을 예방해 주며, 새우에 들어 있는 타우린은 간의 해독작용을 돕는다.
 깐쇼새우	 새우	새우는 양기를 왕성하게 해주는 식품으로 신장을 강하게 해준다. 신장이 강해지면 온몸의 혈액순환이 잘되어 기력이 충실해져 양기를 돋우게 된다. 중국음식에서 다양하게 사용된다.
 게살팽이수프	 게살	게의 주성분은 필수아미노산이 풍부한 양질의 단백질로 구성되어 있으며 꽃게에는 타우린이 711mg이나 들어 있어 시력회복, 당뇨병 예방, 콜레스테롤 상승억제에 효과가 있다. 또한 비타민 E와 나이아신은 노화방지와 세포활성화에 도움을 주며 탈피를 위해 체내에 축적되어 있는 수용성 칼슘은 성장기 어린이의 발육과 갱년기 여성의 골다공증 예방에 효과가 있다.
 해물짬뽕	 홍합	홍합국물의 시원한 맛은 타우린, 베타인, 핵산류, 호박산의 맛으로 알코올로 인한 숙취해소에 좋고, 소화력이 약한 아이들과 노년층에게도 매우 좋다. 스태미나 음식인 홍합에는 비타민 A, B, 칼슘, 인, 철분, 단백질이 풍부하다. 아미노산의 일종인 타우린은 쓸개즙의 배설을 촉진해 간의 독소를 풀어준다. 또 홍합 속의 칼륨은 나트륨의 체외 배출을 도와줘 고혈압 등 소금으로 인한 질병 예방에도 좋다.
 멸치볶음	 멸치	칼슘, DHA, 오메가3, 지방산 등 몸에 좋은 영양성분은 심장병과 동맥경화를 예방한다. 또 대장암에 효과적이며 지능발달에 도움을 준다. 정서를 안정시키며 피부 건강에 좋다.

4) 곡류 및 홍조류와 가공재료

음식이름	재료	중식재료의 사용범위와 영양 및 식품재료의 성질
당면잡채	당면	감자, 고구마, 옥수수 등의 녹말로 만드는 면으로서 중국요리의 메인요리인 잡채 등에 많이 사용된다. 새우요리 가장자리 장식이나 쇠고기양상추쌈을 할 때 튀긴 실당면을 부숴서 살짝 뿌리거나 요리에 장식으로 주로 쓴다.
양장피잡채	양장피	100% 고구마전분을 지단두께로 얇게 만들며 마른 상태의 것은 물에 불려 사용한다.
홍소양두부	두부	메주콩으로 만들며 중국요리에 많이 사용된다. 말려서 사용하거나 조리거나 튀기기도 하고 다양한 방법으로 사용된다.
짜춘권	춘권피	춘권을 싸기 위해 밀가루반죽(계란반죽)으로 둥근 팬이나 넓은 팬에 얇게 만든 지단으로 중식재료상에서 냉동상태로 유통된다.
면보하	식빵	면보하는 밀가루로 만든 식빵에 새우를 다져 샌드위치하여 기름에 튀긴 음식이다.
류산슬	녹말가루	감자녹말과 옥수수녹말을 많이 이용한다. 기름이 많이 들어가는 중국요리에는 녹말을 사용해야 하는데, 그 이유는 수분과 기름이 서로 분리되는 성질을 녹말을 이용하여 융합시키기 위함이다.

음식이름	재료	중식재료의 사용범위와 영양 및 식품재료의 성질
새우탕누룽지	누룽지	누룽지는 쌀밥을 만들어 눌린 것으로 소화에 좋고 설사를 멎게 해주며 중국요리에 누룽지탕 등으로 사용된다. 누룽지를 가공하여 시판하는 재료를 구입하여 사용한다.
감시미로	시미로	하얀 구슬처럼 생긴 시미로는 야자수열매에서 추출한 전분으로 만들며 후식으로 사용된다. 반죽하여 작은 구슬로 만들어 끓는 물에 재빨리 삶아서 찬물에 헹궈야 쫄깃거리고 구슬처럼 투명하다.

5) 버섯류

음식이름	재료	중식재료의 사용범위와 영양 및 식품재료의 성질
잡채	목이버섯	고목에 기생하며 사람의 귀처럼 생겼다 하여 붙여진 이름이라 한다. 영양가가 높아 단백질이 11.3%, 칼륨이 1200mg, 인 434mg, 철·칼슘이 많으며, 각종 비타민의 함유량도 높다. 또한 특유의 향과 맛이 있고 씹는 촉감이 좋으며, 돼지고기와 두부요리에 잘 어울린다. 중화요리의 전골, 우동, 볶음요리에 쓰이며, 담백한 맛이 나고 탕수육, 잡채, 볶음 등에 쓰인다.
은이연자탕	은이버섯	백목이라고도 하며 반투명한 흰색으로 건조시키면 옅은 황색을 띤다.
자연송이	송이버섯	자연에서 서식하고 향과 맛이 우수하다. 갓이 피지 않고 짧은 것이 특징이다. 중식 고급요리에 사용된다.

음식이름	재료	중식재료의 사용범위와 영양 및 식품재료의 성질
 생선완자탕	 표고버섯	맛과 향이 버섯 중 최고이며, 항암성분과 함께 혈압강하, 빈혈치료효과까지 있어 보양식이나 고기요리에 꼭 들어간다. 말린 것은 뜨거운 물에 불렸다가 사용한다. 비타민 D가 풍부하여 성장기어린이나 여성에게 특히 좋다.
 게살팽이수프	 팽이버섯	각종 아미노산과 비타민을 다량 함유하여 항균 및 혈압조절작용도 한다. 근육육종암, 종양저지율은 81.1%이다. 간기능 활성화, 위와 십이지장 궤양에 예방효과가 있다. 학령기 아동이 먹으면 신체가 커지고 체중도 증가한다. 항암 및 항바이러스, 콜레스테롤 저하작용(고혈압 방지), 피부미용, 노화방지, 동맥경화에 효과가 있다.
 채소볶음	 양송이버섯	소화를 돕고 정신을 맑게 하며 비타민 D와 B_2, 타이로시나아제, 엽산 등을 많이 함유하고 있어 고혈압을 예방하고 치료해 주며 빈혈치료 및 당뇨병과 비만에도 좋다.

6) 채소류

재료		중식재료의 사용범위와 영양 및 식품재료의 성질
고수		중국사람들이 즐겨 먹는 향신료이며 채소로 특유의 향이 있어 조리할 때 넣기도 하고 장식용으로 사용하기도 한다.
허브		예로부터 약이나 향료로 써온 식물이다. 라벤더, 박하, 로즈메리 따위가 있다.
로즈메리		

재료		중식재료의 사용범위와 영양 및 식품재료의 성질
아스 파라 거스		초록색과 흰색이 있으며, 중국요리에 많이 이용되는 손가락 굵기의 채소. 성장기 청소년이나 청년들에게 좋은 식품이다. 피로회복과 체력 증진, 신장기능 강화 및 혈압조절에 효과적이다.
브로 콜리		비타민 A의 전구물질인 베타카로틴이 많이 들어 있다. 비타민 A는 감기나 세균 감염을 방지하고, 면역력 증진은 물론 야맹증에도 탁월한 효능이 있다. 브로콜리는 노화를 촉진하는 활성산소를 억제하는 효능이 탁월하며, 해독작용도 뛰어나 노화를 예방한다.
청경채		청경채에는 비타민 C나 A가 전구체인 카로틴이 다량 함유되어 있고 칼슘과 칼륨 그리고 나트륨 등의 무기질도 많이 들어 있다. 100g당 가식부분에는 수분 92.5g, 단백질 1.5g, 섬유질 0.6g, 칼슘 130mg, 카로틴 1500mg, 당질 1.6g 등이 들어 있다.
배추		배추는 비타민 C와 칼슘이 풍부한 것이 영양상의 특징이라 볼 수 있다. 칼슘은 뼈대를 만드는 데만 필요한 것이 아니라 산성을 중화시키는 능력이 있기 때문에 건강 장수를 돕는 성분으로 알려져 있다.
양배추		양배추는 비타민 A, E, C, U와 식이섬유, 미네랄 등을 고루 함유한 영양식품이다. 비타민 C와 폴리페놀이 많아서 항산화작용을 하고, 쌀에 부족한 필수아미노산인 라이신이 풍부하다.
가지		가지의 성분은 수분이 대부분이고 단백질, 탄수화물, 칼슘, 인 등과 비타민 A, C가 들어 있다. 가지에 대한 세계 여러 나라의 연구 결과 혈중 콜레스테롤의 상승을 억제시키며, 동맥경화를 방지한다고 한다. 일본에서는 가지 주스가 암의 전조가 되는 세포의 손상(염색체 이상)을 억제한다는 실험 결과가 발표되었다.
오이		오이는 찬 성질이 있어 열이 많은 사람에게 좋으며 여름에 음식재료로 많이 사용된다. 주로 탄수화물, 펜토산, 페크린 등이 들어 있으며, 단백질은 거의 없으나 인산이 많이 들어 있고, 에라케인이라고 하는 쓴맛성분이 식욕촉진을 돕고, 칼륨성분이 많아 생리적 배수를 돕는다.

재료		중식재료의 사용범위와 영양 및 식품재료의 성질
숙주		녹두를 발아시켜 키운 것이 숙주나물이다. 숙주나물에 들어 있는 비타민 B_6는 가지의 10배 이상 들어 있고, 우유보다 24배 많다. 숙주나물은 체내의 카드뮴 함량을 감소시킨다. 비타민 A, B, C가 많아 피부에 좋으며 몸 속의 열을 내려준다.
셀러리		미나리과의 1~2년생 초본식물로 주로 양식 식재료에 많이 사용된다. 혈액 정화, 강장, 진정, 성적 장애를 최소화하는 데 효과적이고, 독특한 맛과 향이 있어 샐러드 등에 이용하는 채소로 요리해 먹거나 스톡, 찜, 냄비요리, 수프 등에 맛을 내기 위해 넣는다. 미국에서는 전채요리로 날것을 소스에 찍어먹거나 요리에 사용한다.
양상추		양상추에는 칼륨, 나트륨, 칼슘, 인, 이온, 요오드, 마그네슘, 철 등이 많이 들어 있다. 특히 마그네슘, 철이 많고 마그네슘은 근육조직, 뇌, 신경조직의 신진대사를 활발하게 하며, 이들 조직의 상태를 강하게 하는 중요한 요소다. 저혈압, 편도선, 구내염, 미백효과, 눈의 충혈, 자궁출혈에 효과적이다. 그러나 양상추는 제음작용이 있어 정력을 약하게 하는 기능이 있다.
시금치		비타민 A, B, C, E, 엽산 등이 풍부한 시금치는 눈질환에도 특효를 나타내며 철분과 엽산이 적혈구와 헤모글로빈의 생성을 도와준다. 또 성장기 어린이들의 골격 형성과 신체발육에도 도움을 주며 흡연자들이 시금치를 즐겨 먹으면 폐암에 걸릴 확률이 감소되고, 위장의 열을 없애고 술독을 제거해 숙취해소에도 효과적이라 한다.

7) 한약 약선재료 및 향신료

재료		중식재료의 사용범위와 영양 및 식품재료의 성질
은행		은행은 단백질, 탄수화물, 지방, 비타민 C, 칼륨, 카로틴이 많이 들어 있고 폐기능을 좋게 하여 기침이나 가래를 없애주며 천식에도 효능이 있다. 그러나 은행에는 독소가 있어 한꺼번에 8알 이상을 먹으면 심장맥박이 빨라지고 어지럽다.
오미자		눈을 밝게 하고 양기를 세게 한다. 남자의 정력을 도우며, 술독을 풀고 기침이 나면서 숨이 찬 것을 치료한다. 심혈관 계통에 있어 생리적 기능을 조절하고 피의 순환장애를 개선시키며, 중추신경계통의 반응성을 높여 뇌기능을 튼튼하게 하고 정신기능을 안정시켜 치매를 예방하고, 집중력이 필요한 수험생에게 좋다.

재료		중식재료의 사용범위와 영양 및 식품재료의 성질
구기자		맛이 달고 자극이 없으며 강장제, 해열제, 요통에 효과가 있으며 눈을 보호한다. 구기자를 오래 복용하면 몸이 단단해지고 노화를 예방할 수 있고 검은 머리를 나게 한다. 눈을 과도로 혹사시킨 사람, 피부가 마르고 건조한 사람, 신체를 튼튼하게 하고자 하는 사람이 식용으로 하면 좋다. 중국음식 보양식에 꼭 들어간다.
산초		산초의 열매를 껍질째 건조시킨 것으로 향기가 짙게 난다. 알갱이상태와 가루상태로 빻은 것이 있는데, 고기냄새를 없애주며 절임요리나 간식 등의 향기를 내는 데 사용된다. 춘권 등에 곁들여지는 산초소금은 볶은 소금과 가루 소금을 반반씩 섞은 것이다.
대추		달고 따뜻하며 비경·위경(胃經)으로 들어간다. 혈을 보호하고 오장의 기운을 더하며 얼굴빛을 좋게 하고 노화를 막아준다
감초		동의보감에서는 감초가 '대소변의 생리를 정상으로 되게 한다'라고 적고 있다. 약의 독성을 중화하고, 위 보호, 생리작용, 식중독, 약물중독, 항암제 독을 풀어준다. 또한 근육통, 신경통을 치료하며, 동맥경화를 예방한다. 간장의 기능을 강화시키고, 늑막염 및 폐결핵 치료, 피부염 치료, 기침가래를 완화한다. 감초 특유의 노란색을 나타내는 플라보노이드 성분은 대장암에 특효가 있다.
황기		황기는 콩과에 속하는 다년생초본(多年生草本)으로 한방에서 단너삼이라고 하는데 뿌리는 약용으로 이용된다. 기를 보하고 땀나는 것을 멈추며 소변을 잘 나오게 하고, 고름을 없애며 새살이 잘 돋아나게 하는 데 뛰어난 효과가 있다. 강장작용, 면역기능 조절작용, 강심작용, 이뇨작용, 혈압낮춤작용과 염증을 없애는 데 효과가 있다.
인삼		단맛이 있고 쓴맛은 온성(溫性)을 나타내며 비경(脾經 : 위장과 위장의 밑에 있는 두 장기로서 위장의 밑에서 위장의 소화를 도와준다)과 폐경(肺經)으로 돌아와 몸을 보호한다. 정신이 안정되고 진액이 생성되어 갈증이 없어진다. 눈이 밝아지고 사고력이 명석해진다. 또한 면역 글로불린의 양과 림프세포의 수를 늘리며 동맥경화를 예방하고 조혈기능을 자극하여 적혈구, 혈액소, 백혈구의 양을 늘려준다. 췌장에서는 인슐린의 분비를 자극하여 혈당을 낮추고 간에서의 지질합성을 축적시키며 항암작용과 방사선의 피해를 방지해 주고 자궁수축 등에 효과가 있다.
두구		맛이 맵고 향기가 있으며 성질은 따뜻하다. 위를 따뜻하게 하고 가래를 삭혀준다.

재료		중식재료의 사용범위와 영양 및 식품재료의 성질
진피		진피는 귤껍질인데 맛은 약간 씁쓸하고 비타민이 많으며 향이 좋아 요리에 향을 내거나 비린 맛, 느끼한 맛을 없앨 때 사용한다. 성질이 맵고 쓰며 따뜻하다. 폐경으로 들어가 기를 소통시켜 주고 습답을 제거해 준다. 오심, 구토, 산후 젖분비, 뚱뚱한 체질에 좋다. 끓는 물에 담갔다가 차처럼 마신다.
후추		후춧가루는 흰 것과 검은 것이 있는데, 향과 맛이 맵고 뜨거운 성질이 있어 장과 위를 따뜻하게 한다. 비린내를 없애주므로 동물성 재료, 육류나 생선요리 시에 많이 사용한다. 살균효과가 있어 좋으나 지나치게 많이 섭취하면 위점막을 자극하여 해롭다.
소회향		회향의 열매로 향이 진해 팔각과 함께 자주 사용한다. 소회향은 음식에 향을 더하고 불쾌한 맛을 없애주므로 쇠고기나 돼지고기 요리, 양고기 요리에 주로 사용한다.
팔각 (八角)		회향풀의 씨를 건조시킨 것으로 중국요리 특유의 향기를 낸다. 팔각의 껍질에 열매가 들어 있는데 향기는 껍질에서 나온다. 고기나 생선요리의 맛을 부드럽게 하고 조림이나 절임요리에 주로 사용된다. 오향분의 주된 재료이며, 장육과 같이 오래 끓이거나 재워두는 요리에 많이 사용된다.
정향 (丁香)		꽃망울이 질 때 따서 말린 것으로 짠맛, 단맛, 어느 쪽이나 다 어울리며 고기나 생선의 조림요리, 간식 등에 폭넓게 사용된다. 향기가 매우 강하므로 너무 많이 넣지 않는다.
육계		원산지는 중국으로 우리나라에선 제주도에서만 생산된다. 녹나무과이며 육계의 코르크층을 제거한 껍질부분을 사용한다. 주요 성분이 신나믹알데하이드(cinnamic aldehyde), 신나밀아세테이트(cinnamyl acetate), 페닐프로필아세테이트(phenylpropyl acetate)로 한약재의 원료이다.
계피 (桂皮)		육계라고도 불리며 계수나무의 껍질을 벗겨서 건조시킨 것으로 분말형태도 있다. 자극성의 단맛과 매운맛이 나며 조림요리나 과자류의 향기를 내는데, 한식 수정과에 사용한다. 성질이 맵고 달며 뜨겁다. 신경·비경·폐경으로 들어간다. 소화기를 따뜻하게 해주며 찬 기운을 제거해 주고 발기불능, 부녀자의 월경통, 복부가 찬 사람, 기혈이 허약한 사람에게 좋다.

8) 향채류(마늘, 파, 부추 등)

재료		중식재료의 사용범위와 영양 및 식품재료의 성질
중부추		중국 부추
부추		몸속 활성산소의 해독효능이 있다. 특유의 향취를 가지고 있고, 비타민 함량이 많다. 조미채소로서 다른 식료품과 함께 많이 사용하고 있다.
홍고추		식용유에 고추를 섞으면 식용유의 산패가 눈에 띄게 억제된다는 실험결과가 보도되었는데, 이는 매운맛성분인 캡사이신 때문이다. 김치에 젓갈을 넣어 맛을 낼 수 있는 것도 이 성분이 젓갈의 비린내를 없애고 지방산패를 억제하는 역할을 하기 때문이다.
건고추		고추를 말린 것으로 고추기름 등에 사용하며 매운 음식을 조리할 때 사용한다.
피망		비타민 B_1, C가 풍부하고 여름철 식욕저하 방지에 좋다. 여러 종류의 음식조리에 사용한다.
양파		양파와 같이 생선을 튀기면 비린내도 없어지고 기름의 산패도 더디게 된다.
파		향신료로서 풍미를 내는 데 주로 쓰이며, 비린내를 제거하며 많은 요리에 이용된다.

재료		중식재료의 사용범위와 영양 및 식품재료의 성질
생강		생강 특유의 매운맛을 내는 진저롤과 쇼가올 성분이 몸의 찬 기운을 밖으로 내보내고 따뜻함을 유지시켜 생강을 먹으면 기침, 감기, 몸살, 목의 통증 등이 완화된다. 생강의 진저롤은 메스꺼움을 예방한다(동의보감).
마늘		마늘의 알리신은 살균효과가 있고 정장작용을 촉진시킨다. 돼지고기에 들어 있는 비타민 B_1의 흡수를 도와준다. 마늘은 요리의 향을 살리고 재료 특유의 냄새를 없애기 위해 요리 직전 마늘로 향을 내어 요리하면 구수한 향이 난다.
마늘종		살균작용, 혈액순환, 노화방지. 원기회복의 효능이 있다.

9) 과일류

재료		중식재료의 사용범위와 영양 및 식품재료의 성질
체리		체리를 섭취하면 소염효과가 있어 관절염환자에게 좋으며 당뇨환자에게도 좋다. 노화예방과 심장질환에 효과적이다. 후식과 장식용으로 사용한다.
파인애플		파인애플은 감기, 통풍, 치질, 신경통, 혈전증, 정맥염, 비만 등에도 효과가 있으므로 디저트로 늘 먹거나, 당근과 함께 주스를 만들어 마시면 대단히 좋다. 파인애플에는 각종 비타민이 풍부하게 들어 있을 뿐 아니라 단백질의 소화효소인 브로메린이 함유되어 있어 췌액과 소화액의 분비를 돕고 장내의 부패산물을 분해하는 기능이 있다. 설사, 소화불량이나 가스, 악취가 나는 변 등 각종 소화기장애현상이 나타날 때 파인애플이 큰 효과가 있다.

재료		중식재료의 사용범위와 영양 및 식품재료의 성질
멜론		멜론에는 비타민 A, 비타민 B, 비타민 C성분이 풍부하게 함유되어 있어 피로회복에 좋다. 또 혈액응고를 방지하고 점도를 낮추어주어 심장병이나 뇌졸중을 예방하는 효능이 있으며 항산화작용을 하는 리코펜성분이 함유되어 있어 암을 예방하는 효과가 있다.
리치		콜라겐 형성을 도와 피부를 윤택하게 한다. 췌장질환을 예방하고 이뇨작용을 도와준다. 한방에서는 말린 과육을 총명탕으로 사용한다(마음의 안정을 도와준다). 껍질을 깐 하얀 과육은 후식으로 사용한다.
레몬		생리통, 심장병, 두통, 간장병, 진통, 소화불량, 진해, 거담작용을 한다. 감기예방, 레몬의 비타민 C는 추위에 견딜 수 있도록 신진대사를 원활히 해주어 체온이 내려가는 것을 막아줄 뿐 아니라 세균에 대한 저항력을 높여준다. 각종 요리에 향과 맛을 준다.
사과		사과는 콜레스테롤의 수치를 낮춰주는데 사과의 펙틴은 콜레스테롤 흡수를 차단하고 항산화성분인 폴리페놀이 활성산소의 세포손상을 억제하기 때문이다. 또 식이섬유가 변통조절을 도와준다.

10) 견과류

재료		중식재료의 사용범위와 영양 및 식품재료의 성질
밤		맛은 달고 따뜻하며 흡수되어 비장과 위장·신경(腎經)으로 들어간다. 강장과 양생에 좋다. 날마다 먹으면 신장을 보호하고 허리와 근골을 튼튼하게 하고 기를 더하며 장을 튼튼하게 한다. 어린이 성장에 도움을 준다.
캐슈넛		산화 비타민인 비타민 E, β-카로틴, 그리고 치매 예방에 유효한 레시틴과 떫은 껍질에 포함되어 있는 레스베라트롤이라는 폴리페놀에는 강력한 항산화작용이 있으며 콜레스테롤을 낮추거나 혈관을 깨끗하게 하는 데 효과적이다.
땅콩		땅콩의 성분은 불포화지방산으로 고혈압의 원인이 되는 혈청콜레스테롤을 씻어내는 역할을 한다. 땅콩은 비타민 B_1, B_2 등이 풍부하여 강장 스태미나 식품이다. 또한 머리를 좋게 하는 땅콩의 고단백, 고지방에는 비타민 B군이 풍부하며 세포를 튼튼하게 하고 적혈구를 증가시키며 철의 흡수를 돕는 작용을 하는 비타민 E도 많이 들어 있다.
완두콩		피부병 예방, 붓기 제거, 야맹증, 설사치료와 성장발육에 도움을 준다.
잣		잣은 피를 맑게 하고 혈압을 낮추며 두뇌의 회전을 좋게 하므로 성인병 예방은 물론 노화와 치매 예방에도 좋다.
참깨		성질이 달고 평이하며 간경, 신경으로 들어간다. 간과 신을 보호하며 눈과 귀를 밝게 해주고 기력을 보해주며 장을 매끄럽게 해준다. 노화를 방지해 주고 청각기능이 약한 사람에게 좋다.
옥수수		옥수수의 약 70%가 탄수화물이고 단백질 8%, 지방분 4%, 비타민 A, E가 비교적 많이 함유되어 있다. 비타민 E는 노화된 간장의 조직세포를 재생시키기도 한다.

11) 구근류(뿌리재료)

재료		중식재료의 사용범위와 영양 및 식품재료의 성질
마름		마름의 열매로 물밤이라고도 한다. 수면에 떠서 자라는 1년초식물로 속이 하얀 과육으로 가득 차 있어 생으로 먹을 수 있다. 그 때문에 물에서 따는 밤 같다고 하여 물밤 또는 말밤, 말뱅이라고 한다. 중국에서는 열매에서 전분을 채취하기 위해 연못에 재배하여 탕요리에 넣으면 특유의 질감 때문에 풍미를 돋아준다. 모양과 맛이 우리나라에서 재배되는 토란과 똑같이 생겼다.
당근		당근의 영양소는 카로틴인데, 체내에서 비타민 A로 바뀌기 때문에 비타민 A의 좋은 공급원이다. 100g당 4100IU 정도가 함유되어 있는데, 이는 당근 1/3개를 먹으면 1일 섭취량을 섭취할 수 있을 정도의 양이다. 이외에도 비타민 E를 제외한 거의 모든 비타민과 칼슘, 칼륨 등이 균형 있게 들어 있다.
산마		마의 기다란 뿌리를 생으로 굽거나 쪄서 먹기도 하고 요리에 이용하기도 한다. 신장에 좋고 남성들 정력에 좋다. 감(甘)하고 평(平)하며 비경(脾經), 폐경(肺經), 신경(腎經)으로 귀경한다. 기력을 나게 하고 음을 자양하며 양생에 우수하다. 뇌기능을 튼튼히 하며 모발을 윤기나게 하고 눈을 밝게 하고 항노화작용이 있다. 또한 콩팥의 호르몬을 자극하여 몸의 저항성을 높이고 녹말의 소화를 촉진시킨다.
고구마		안토시아닌이 풍부해 스트레스를 받으면 몸속에 생기는 활성산소를 없애주고 변비를 예방해 준다.
감자		비타민 C가 풍부하다. 혈액을 맑게 해준다.
죽순		대나무의 지하경에서 자란 어리고 연한 싹으로 중국요리에서 빼놓을 수 없는 재료이다. 탕이나 볶음요리에 주로 사용하며 아린 맛이 있어 물에 담갔다가 조리해야 한다. 죽순은 2kg 정도의 중량으로 길이는 짧고 토실토실한 껍질에 흰 잔털이 조밀하고 광택이 있다.

2. 중국음식에 사용되는 소스 및 가공식품

1) 된장류와 고추장 양념

식품이름		조리법 및 사용범위
두시(豆豉)		검은 대두를 물에 불려 푹 삶아서 말린 다음 항아리에 넣고 햇볕에 여러 번 말린다. 따라서 콩의 형태가 그대로 살아 있으며, 향기롭고 특수한 향과 짠맛을 낸다. 중국의 강서, 강동, 호남 등지에서 많이 생산되는 것으로 검정콩을 발효시켜 말린 중국식 된장
사다장 (沙茶醬)		된장에 새우, 참깨, 땅콩 따위를 넣어 만든 것이다. 사다장(沙茶醬)은 새우살을 잘게 썬 것(X醬)에 야자열매 · 생강 · 고춧가루 · 우샹펀(五香粉) · 마늘 즈마장(芝麻醬) · 소금 · 설탕 · 땅콩기름을 섞어 걸쭉하게 한 것이다. 꼬치구이 등의 조미국물로 사용한다. 남방요리에 많이 쓰이며 말레이시아 등의 화교들도 즐겨 쓴다.
해선장 (싱겁게 간을 한 된장)		북경요리에 사용되는 유명한 싱거운 된장으로 다른 조미료와 합성하거나 섞어서 사용한다. 또한 채소에 쳐서 그대로 내놓는 경우도 있으나, 레스토랑에서는 각자가 나름대로 조미료를 친다.
두반장 (고추된장)		누에콩으로 만든 된장에 고추나 향신료를 넣은 것으로 독특한 매운맛과 향기가 난다. 우리나라 된장이나 고추장 같은 역할을 하며 마파두부 등의 쓰촨요리에는 뺄 수 없는 소스로 중국요리의 조미료, 무침, 볶음, 조림에 골고루 사용된다.
랄초장 (辣椒醬)		붉은 고추를 짓이겨 만든 것이다.
춘장		춘장은 된장류에 속하며 황장, 대장, 경장, 황두장, 면장이라고도 한다. 대두, 밀가루, 소금, 누룩을 4개월 이상 발효시켜서 만든다. 황장은 향기로우며 갈색을 띠고 있다. 그 묽기에 따라 마른 황장과 걸쭉한 황장으로 나눈다. 황장은 황하 이북 지역에서 비교적 많이 만들어 먹는다. 북경요리 장폭 조리법에 주로 사용되는 대표적인 조미료이다. 캐러멜 소스를 첨가하여 만든 후 짜장면에 사용한다.

식품이름		조리법 및 사용범위
첨면장		소량의 콩에 밀가루와 소금을 이용하여 발효시켜 만든 된장류이다. 붉은빛이 도는 갈색을 띠고 있으며, 달고 재질이 섬세하다. 양자강 이남에서 많이 만든다. 볶아서 찍어 먹는 장이나 북경의 오리요리에 주로 쓰인다.
콩짜장		대두를 발효시킨 된장이다. 검은 대두를 물에 불려 푹 삶아 말린 다음 항아리에 넣고 햇볕에 7번 말려서 만든다. 검은색으로 향이 나며 독특하고도 신선한 맛을 증가시키고 원료의 나쁜 맛을 감춰주는 역할을 한다.
고추장		선홍색 고추에 소금, 산초, 백주 등을 넣고 절여 발효시켜 만든 것이다.

2) 소금과 간장류(짠맛)

식품이름		조리법 및 사용범위
소금		소금의 형태는 굵은소금, 가는소금, 정제염으로 분류된다. 또한 소금은 음식의 간을 맞추는 데 쓰이며 맛을 증가시키고 조절한다.
간장 (醬油)		간장은 소금보다 복잡하여 짠맛 외에 여러 종류의 아미노산, 당류, 유기산, 색소 및 독특한 맛과 향이 있다. 간장은 음식의 맛을 증가 및 변화시키며 음식의 색을 내는 데도 쓰인다. 간장의 종류는 홍간장, 노추 등이 있다. 노추는 색이 진하며 짠맛은 강하지 않은 것으로 주로 색을 낼 때 쓰인다.
노추 (老抽)		노두유는 관동 일대에서 쓰는 색깔이 진한 간장을 말한다. 노두추 또는 노추라고도 하며, 맛은 약간 달고 짠맛이 덜하다.

식품이름		조리법 및 사용범위
생추 (生抽)		노추보다 약간 묽은 짠 간장
선장유 (鮮醬油)		선장유는 소금에 부재료를 배합한 간장의 일종이다. 일반 간장과 별로 다를 것이 없어 보이지만 아주 신선하고 좋다. 다른 조미료와 섞어서 복합적인 맛을 내기도 한다.

3) 설탕과 식초류(단맛과 신맛)

식품이름		조리법 및 사용범위
설탕(糖)		설탕은 자당 외에 소량의 환원당, 수분, 회분 및 기타 유기물로 구성되어 있다. 설탕은 조리 시 중요한 조미료로 쓰이며, 중국의 설탕은 원료에 따라 사탕수수당, 사탕무당, 활당 등으로 분류된다.
꿀(蜜)		꿀은 과당 30~35%를 포함한 단당류로서 소화를 거치지 않고 인체에 흡수될 수 있다. 꿀은 조리 시 설탕을 대체할 수 있는 것으로 굽는 요리, 튀김요리를 만들 때 음식의 표면에 바르면 광채가 난다. 설탕액으로 감싼 튀김요리의 외피가 딱딱할 경우 꿀을 사용하면 부드럽게 만들 수 있다.
당정(糖精)		당정은 중국에서 가장 많이 사용되는 합성 감미료로 희고 깨끗하며 육면의 결정체형이 많고 편상도 있다. 단맛은 설탕의 약 300~500배로 단맛만 있고 영양가치는 없다. 일명 사카린이다. 많이 사용하면 쓴맛이 난다.
식초(醋)		식초는 3~5% 정도의 초산 외에 유기산, 아미노산, 당, 알코올, 에스테르류 등이 함유되어 있다. 식초는 전분류를 함유하고 있는 수수, 조, 찹쌀, 멥쌀을 주원료로 밀기울 등을 보조원료로 사용하여 발효과정을 거쳐 제조한 것으로 신맛이 나고 방향미가 있다. 식초는 신맛을 제공하고 비린내와 지방질을 분해시켜 기름기의 느끼한 맛을 없애주며 시원한 맛을 증가시키는 작용을 한다.

식품이름		조리법 및 사용범위
겨잣가루		양장피나 새우냉채 등 중국 냉채요리에 빠지지 않고 이용되는 소스재료. 매운맛은 물론 향도 좋지만 해독작용이 있어 음식물의 섭취 시 식중독 예방에 도움을 준다. 미지근한 물 40℃에 개어 끓는 물에 중탕발효하여 사용한다(물 : 겨잣가루는 1 : 1 비율).

3. 중국음식에 사용되는 해삼 고르는 법과 다루는 법

1) 해삼 고르는 법과 취급 시 주의사항

① 해삼은 생해삼과 마른 해삼 두 종류가 있는데, 마른 해삼은 생해삼보다 단백질 성분이 10배나 더 많으며 요리하기도 더 편리하다.

② 해삼의 빛깔이 까맣고 몸통의 뾰족한 촉수가 단단한 것으로 고른다.

③ 큰 해삼은 어른 손가락크기만 하고, 작은 것은 손가락 두 마디 정도의 길이로서 불리면 3배 정도 늘어난다.

④ 해삼을 삶을 때 냄비나 손에 기름기가 묻으면 해삼이 물러져 상하므로 주의한다.

⑤ 해삼은 삶은 후 씻을 때만 만지고, 그 외에는 손으로 함부로 만지지 말아야 하며 삶을 때 냄비 뚜껑을 꼭 열어놓아야 한다.

⑥ 잘 삶아진 것은 속까지 물러서 말랑말랑하면서도 탄력이 있어서 생생한 것이 좋은 것이다.

⑦ 마른 해삼은 우리나라에서 생산되는 재래종과 일본산, 중국산의 세 종류가 있는데, 우리나라 것이 맛도 있고 품질도 제일 좋다.

2) 해삼 불리는 법

① 마른 해삼을 흐르는 물에 깨끗이 씻어 해삼이 잠길 정도의 물을 붓고 40분 동안 뚜껑을 덮지 말고 펄펄 끓여 그대로 불에서 씻거나 만지지 말고 내려놓아둔다.

② 둘째 날 똑같은 시간에 불려놓은 해삼을 깨끗이 씻은 후 배 쪽을 갈라 내장과 창자 같은 누르스름한 것과 모래 등을 전부 뜯어내고 또 한 번 흐르는 물에 씻은 후 냄비에 물이 잠길 정도로 부어 펄펄 끓는 물에 40분간 삶은 후 그대로 식혀 그 다음날까지 둔다.

③ 셋째 날에도 둘째 날과 같은 방법으로 삶아 식힌다.

④ 넷째 날에도 둘째 날과 같은 방법으로 삶아둔다.

⑤ 다섯째 날에도 삶아낸 후 하루를 두었다가 그 다음날 깨끗이 씻어둔다.

사용하고 남은 것은 냉동실에 보관하여 쓴다(다섯 번 정도 5일에 걸쳐 삶아내면 말랑말랑하고 탄력이 생긴다).

3) 해삼 불리는 방법

국산해삼	국산해삼 삶기	한 번 삶아 불린 것	둘째 날 삶은 것 배 쪽으로 가르기
해삼 안의 내장 제거	해삼 깨끗하게 씻기	내장 제거 후 흐르는 물에 씻기	두 번 삶아 불린 해삼
세 번 삶아 불린 것	네 번 삶아 불린 것	국산해삼 삶아 불리기 5일째	국산해삼 삶아 불린 지 6일째

국산해삼 마른 것

일본해삼 마른 것

일본해삼 물에 불린 것	일본해삼 불린 후 3일째	일본해삼 불린 후 4일째	일본해삼 불린 후 5일째

출처 : 호텔중국조리, p. 32(해삼 불리는 사진) 발췌.

Chapter 4

중국요리의 식단구성과
코스별 요리의 실제

1. 중국요리의 코스별 음식과 이해

중국음식에서는 식단구성(메뉴)을 채단(菜單)이라 하며 음식의 종류를 짝수로 맞추어 상차림의 격식을 갖춘다. 메뉴의 구성은 크게 전채, 두채, 주채, 탕채(湯菜), 면점, 첨채, 과일로 구성되어 코스상차림으로 나온다.

1) 전채

맨 먼저 나오는 전채요리는 냉채요리로 입맛을 돋우어주는 요리로 차게 해서 낸다. 전채요리는 색·맛·향이 어울려 앞으로 먹을 음식에 호감을 갖고 식감을 눈으로 보며, 또한 식초의 신맛으로 입맛을 자극하여 먹고 싶은 충동을 일게 하는 처음에 나오는 요리이다.

2) 두채

탕채와 열채를 다 낸 뒤에 식사류 앞에 내는 메인요리로서 샥스핀요리나 제비집요리 등 고급재료의 중심이 되는 요리이다. 냉채 바로 다음에 내어 따뜻한 국물과 부드러운 재료의 맛으로 인해 목을 부드럽게 하여 앞으로 먹을 요리가 잘 넘어가도록 하는 탕요리이다.

3) 주채(主菜)

메인의 첫 번째로 해물요리가 나오는데 주로 해삼, 새우, 도미, 패주, 오징어, 우럭 등을 사용하여 재료 본래의 맛을 즐길 수 있도록 찜이나 튀김으로 요리하여 낸다.

두 번째는 고기요리가 나오는데 쇠고기, 돼지고기, 닭고기, 오리고기 등으로 요리한다. 주로 돼지고기를 이용한 요리가 많다.

4) 두부요리

생선이나 고기요리 다음에 두부요리가 나온다.

5) 탕채

맑은 탕이 주로 나오는데, 우리나라는 식사 바로 앞에 주로 나온다.

6) 면점

식사가 나오는데 쌀이나 밀가루로 만든 음식으로 주로 면으로 된 음식이나 만두, 포자 등이 나온다.

7) 첨채

요리를 다 먹은 뒤 후식으로 내는 음식으로 맛이 달아 몸을 편안하게 하는 요리로 뜨겁거나 차게 해서 낸다.

8) 과일

맨 마지막으로 과일을 낸다.

2. 중국요리의 식사예절

중국에서의 식탁은 가운데 원판이 돌아가게 되어 있어 개인접시를 놓고 순서대로 돌려 각자 덜어 먹는데, 주로 주인이 담아주거나 음식점에서는 서빙하는 직원이 덜어준다. 한 식탁에 6명, 8명이 둘러앉아서 식사를 한다. 음식은 여러 사람분이 한 그릇에 담겨 나온다. 중국은 예로부터 홀수를 싫어하고 짝수를 좋아해서 그날의 주빈은 상석(입구에서 가장 먼 자리)에 앉고 주인은 주빈 옆이나 문 옆에 앉아 손님의 시중을 드는데, 음식점에서는 좌석만 그렇게 앉고 시중은 직원이 든다. 연회가 시작되면 주인은 감사의 인사를 하고 손님에게 술을 따라주고 건배를 하는데 두 손으로 잔을 받치고 잔을 살짝 들어 보인 후 마신다.

우리의 술문화처럼 잔을 부딪치지 않으며 가끔씩 첨잔을 하여도 무방하다. 또한 한국처럼 자신이 마셨던 잔을 상대에게 돌리지 않으며 연장자와 함께 마실 때 고개를 돌리지 않아도 실례가 되지 않는다. 이때 술을 못 먹는 사람도 입가에 댔다가 내려놓는 것이 예의다.

중국인들에게 축배는 단숨에 마시고 술잔을 비우는 것으로 되어 있다. 음식이 나오면 주인은 주빈에게 음식을 먹으라고 권하고 주빈이 먼저 음식을 먹은 후에 먹는다. 요리를 덜 때는 주빈이 먼저 자기 접시에 조금 덜고 옆사람에게 권한다. 음식을 덜 때는 자기의 앞쪽부터 조금씩 덜어 먹으며 자기가 사용한 젓가락으로 음식을 덜지 않도록 조심해야 한다.

각자 덜어놓은 음식은 깨끗이 다 먹는 것이 좋다. 차는 왼손으로 받쳐서 두 손으로 마신다.

3. 중국음식의 상차림과 푸드스타일

1) 중국음식의 푸드스타일

중국음식은 중국 대륙에서 발달한 음식으로 넓은 영토와 바다에서 다양하고 풍부한 식재료를 얻을 수 있었기에 이러한 자원을 이용한 음식이 발달하였다. 서양의 상차림이 식기나 기타 소품으로 코디네이션하는 것과는 다르게 음식재료를 이용하여 자체로 멋을 내는 것이 특징이다. 각종 재료를 이용하여 모양을 내거나 조각을 하거

나 재료 특유의 색을 살려 화려하고 먹음직스러워 보이도록 한다. 아래 음식 사진은
그 예 중 하나이다.

오품냉채	로브스터	삼품냉채

2) 테이블의 위치

예로부터 중국은 예의를 중시하였으며, 식사 시에는 매우 엄격한 격식이 있어서
좌석을 정할 때의 명단은 지위 순서에 의하며 개인별로 초청하였을 때는 미리 명단
을 식탁에 배치한다. 중식 테이블에서 상석은 남쪽 방향이며 주인과 주빈의 좌석은
서로 마주 보도록 한다.

3) 중국음식의 테이블 세팅

정찬의 경우 보통 10명 정도 둘러앉을 수 있는 원탁으로 준비되며 흰색 테이블보
나 은은한 겨자색 테이블보를 깔아 고급스럽게 하며 중간에는 중국풍의 꽃으로 센터
피스를 장식해 중국문화를 맛볼 수 있게 한다. 식기는 귀한 손님을 초청했을 경우 은
기를 사용하나 주로 깨끗한 도자기를 사용한다.

식탁에는 간장, 식초, 겨자, 라유 등의 기본 조미료가 올려지며 테이블 세팅은 1인
분씩하며 가운데 개인접시, 왼쪽에 국물용 그릇, 오른쪽에 젓가락·숟가락을 놓는
다. 또한 소스가 다양하므로 소스 개인접시, 볼 등 여유 있는 그릇이 준비되어야 하
고, 찻주전자와 찻잔을 함께 세팅하여 기름기 있는 음식을 먹은 후 차를 마셔 지방흡

수를 억제하도록 배려해야 한다.

연회음식은 화려함과 호화로움이 중시되며, 식사형태는 1인분씩을 자기 접시에 담아 먹는다. 예전에는 8인용, 4인용의 4각형 탁자를 사용하였지만 근래에는 원탁을 주로 사용하고 있다. 가운데 부분은 회전식으로 되어 있어 각자가 편하게 알아서 덜어먹는다. 식기는 공용으로 쓰는 커다란 접시와 각자 쓰는 조그만 접시가 있다.

전통적인 중국 식기는 색상과 문양이 화려하여 그 자체만으로도 화려한 느낌이 든다. 또한 중국 특유의 과장되고 화려한 스타일링이 특징으로, 테이블클로스나 소품에 붉은색과 금색을 주로 사용한다. 숟가락과 젓가락은 오른쪽에 위치하며 다양한 의미를 가진 용, 금붕어 등의 모양으로 이루어진 젓가락 받침을 사용한다.

근래에 와서는 정통 중국음식과 다르게 퓨전음식이 발달하여 현대적인 감각을 살려 깨끗하고 심플하게 흰색 종류의 접시들을 사용하며, 서양의 영향으로 젓가락과 나이프를 같이 놓아 질긴 고기를 잘라 먹을 수 있게 하기도 한다.

상차림

4. 식품조각

식품조각이란 조각용 공구를 사용하여 각종 채소를 조각함으로써 특정 요리의 내용과 연회석에 아름다움을 주는 특수 조리기술이다.

1) 식품조각의 특징

① 식품조각은 음식을 아름답게 장식하는 데 목적을 둔다.
② 조리되는 동안 조각이 완성되어야 한다.
③ 먹을 수 없는 장식용과 식용을 겸한 장식용 조각이 있다.
④ 약한 재료들로 조각할 때에는 세심한 주의를 해야 한다.
⑤ 조각형태가 다양하며 종류가 많다.

2) 식품조각의 기능

(1) 장식의 기능

① 주변장식 : 조리한 음식을 접시에 담은 후 음식의 색깔, 모양, 맛, 크기에 따라 접시의 주변을 장식한다.
② 중앙장식 : 음식을 담는 접시의 중앙에 조각품을 장식한다.
③ 혼합장식 : 음식과 조각품을 구분하지 않고 상황에 따라 적절하게 장식한다.

(2) 대비의 기능

조각품을 음식과 함께 배열하여 조각품의 색상과 모양을 음식과 대비·조화시켜서 전체적으로 아름다워 보이게 한다.

3) 식품조각의 재료와 재료 고르기

(1) 재료

① 무와 당근

홍무는 육질이 가늘고 연한 것으로 외피는 붉고 치밀한 그물모양의 입방체로 되어 있다. 꽃조각이나 건축물, 새 등을 조각할 때 이용된다. 청무는 외피가 푸른색이고 내부 육질도 연한 녹색이다. 산지에 따라 품질이 다르다. 꽃장식에 이용된다. 당근은 빨강과 노랑의 두 종류가 있는데, 작은 꽃이나 홍매화 · 맨드라미 등 붉은 꽃을 조각할 때 이용된다. 장미를 조각하면 아름답다.

② 고구마 · 감자류

감자는 흰색과 누런색의 두 가지가 있는데, 흰색 감자는 아무 모양이나 다양하게 조각할 수 있으나 누런색은 작은 꽃조각에 특히 사용된다. 붉은색 고구마는 수분이 많고 육질이 약해 사람을 조각할 때 특히 이용된다.

③ 순무 : 뿌리가 크고 단단해 큰 작품을 조각할 때 주로 이용된다.

④ 토마토 : 두꺼운 잎을 조각하거나 연꽃을 조각할 때 이용된다.

⑤ 고추 : 끝이 뾰족한 고추는 꽃잎이 연결된 꽃, 나팔꽃 등을 조각할 때 이용된다.

⑥ 박과식물 : 오이, 호박, 수박, 동과 등이 박과식물로서 겉을 조각한 후 속은 파내거나 음식물을 넣어 장식한다.

(2) 재료 고르기

조각하고자 하는 주재료와 주제 등 연회의 분위기에 어울리는 재료와 계절에 맞는 재료를 구입한다. 재료는 외관상 상처가 나지 않아야 하고 색이 선명해야 한다.

조 리 기 능 사

辣椒鷄
라조기

시험시간 30분

요구사항

※ 주어진 재료를 사용하여 다음과 같이 라조기를 만드시오.

❶ 닭은 뼈를 발라낸 후 5cm×1cm 정도의 길이로 써시오.
❷ 채소는 5cm×2cm 정도의 길이로 써시오.

수험자 유의사항

❶ 소스 농도에 유의한다.
❷ 채소색이 퇴색되지 않도록 한다.
❸ 조리작품 만드는 순서는 틀리지 않게 하여야 한다.
❹ 숙련된 기능으로 맛을 내야 하므로 조리작업 시 음식의 맛을 보지 않는다.
❺ 지정된 수험자 지참준비물 이외의 조리기구나 재료를 시험장 내에 지참할 수 없다.
❻ 지급재료는 시험 전 확인하여 이상이 있을 경우 시험위원으로부터 조치를 받고 시험도중에는 재료의 교환 및 추가지급은 하지 않는다.
❼ 다음과 같은 경우에는 채점대상에서 제외한다.
　－ 시험시간 내에 과제 두 가지를 제출하지 못한 경우 : 미완성

　－ 시험시간 내에 제출된 과제라도 다음과 같은 경우
　• 문제의 요구사항대로 작품의 수량이 만들어지지 않은 경우 : 미완성
　• 해당과제의 지급재료 이외의 재료를 사용한 경우 : 오작
　• 구이를 찜으로 조리하는 등과 같이 요리의 형태를 다르게 만든 경우 : 오작
　• 불을 사용하여 만든 조리작품이 작품특성에 벗어나는 정도로 타거나 익지 않은 경우 : 실격
　• 가스레인지 화구를 2개 이상 사용한 경우 : 실격
　• 시험 중 시설 · 장비(칼, 가스레인지 등) 사용 시 감독위원 및 타 수험자의 시험진행에 위협이 될 것으로 감독위원 전원이 합의하여 판단한 경우 : 실격
❽ 항목별 배점은 위생상태 및 안전관리 5점, 조리기술 30점, 작품의 평가 15점이다.

지급재료 목록

〈주재료 및 부재료〉
• 닭다리(중닭(1,200g)/허벅지살 포함) 1개 • 죽순(통조림(whole), 고형분) 50g • 건표고버섯(지름 5cm 정도, 물에 불린 것) 1개 • 건홍고추 1개 • 양송이버섯(통조림(whole), 큰 것) 1개 • 청피망 75g • 청경채 1포기

〈양념 및 소스재료〉
• 생강 5g • 대파(흰 부분 6cm 기준) 1토막 • 마늘(중, 깐 것) 1쪽 • 달걀(중) 1개 • 진간장 30ml • 소금(정제염) 5g • 청주 15ml • 녹말가루(감자전분) 100g • 고추기름 10ml • 식용유 900ml • 육수(또는 물) 200ml • 검은 후춧가루 1g

조리방법

1. 닭고기는 뼈를 발라내고 길이 5cm, 굵기 1cm 크기로 썬 다음 간장, 생강즙을 넣고 밑간한다.
2. 달걀, 전분을 넣고 튀김옷을 입힌 다음 160℃의 기름에 두 번 바삭하게 튀겨낸다.
3. 표고버섯, 죽순은 5cm×2cm로 길게 편으로 썰고 고추는 반을 갈라 씨를 빼낸 후 길게 편으로 썬다. 대파, 마늘은 편으로 썰고 생강은 다진다. (청경채는 가운데 부분으로 5cm×2cm 길이로 썬다.)
4. 팬에 고추기름을 넣고 고추와 대파, 생강, 마늘을 넣어 향이 나도록 볶는다.
5. ④에 청주, 간장을 한 스푼씩 넣고 나머지 채소를 넣어 잠깐 볶다가 육수 1컵을 부어준다.
6. ⑤에 굴소스, 후춧가루 등으로 간을 맞춘 다음 튀긴 닭고기를 넣는다.
7. 살짝 더 볶아준 뒤 물전분을 부어 농도를 맞춘 다음 참기름을 넣고 버무려낸다.

乾烹鷄
깐풍기

시험시간
30분

요구사항

※ 주어진 재료를 사용하여 깐풍기를 만드시오.

❶ 닭은 뼈를 발라낸 후 사방 3㎝ 정도 사각형으로 써시오.
❷ 닭을 튀기기 전에 튀김옷을 입히시오.

❶ 프라이팬에 소스와 혼합할 때 타지 않도록 하여
　 야 한다.
❷ 잘게 썬 채소의 비율이 동일하여야 한다.
❸ 조리작품 만드는 순서는 틀리지 않게 하여야 한다.
❹ 숙련된 기능으로 맛을 내야 하므로 조리작업 시
　 음식의 맛을 보지 않는다.
❺ 지정된 수험자 지참준비물 이외의 조리기구나
　 재료를 시험장 내에 지참할 수 없다.
❻ 지급재료는 시험 전 확인하여 이상이 있을 경우
　 시험위원으로부터 조치를 받고 시험도중에는
　 재료의 교환 및 추가지급은 하지 않는다.
❼ 다음과 같은 경우에는 채점대상에서 제외한다.
　 － 시험시간 내에 과제 두 가지를 제출하지 못한 경우 :
　　 미완성

　 － 시험시간 내에 제출된 과제라도 다음과 같은 경우
　 • 문제의 요구사항대로 작품의 수량이 만들어지지 않
　　 은 경우 : 미완성
　 • 해당과제의 지급재료 이외의 재료를 사용한 경우 :
　　 오작
　 • 구이를 찜으로 조리하는 등과 같이 요리의 형태를
　　 다르게 만든 경우 : 오작
　 • 불을 사용하여 만든 조리작품이 작품특성에 벗어나
　　 는 정도로 타거나 익지 않은 경우 : 실격
　 • 가스레인지 화구를 2개 이상 사용한 경우 : 실격
　 • 시험 중 시설 · 장비(칼, 가스레인지 등) 사용 시 감
　　 독위원 및 타 수험자의 시험진행에 위협이 될 것으
　　 로 감독위원 전원이 합의하여 판단한 경우 : 실격
❽ 항목별 배점은 위생상태 및 안전관리 5점, 조리
　 기술 30점, 작품의 평가 15점이다.

지급재료 목록

〈주재료 및 부재료〉
· 닭다리(중닭(1,200g)/허벅지살 포함) 1개 · 대파(흰 부분 6cm 기준)
1토막 · 청피망 75g · 홍고추(생) 1개
〈양념 및 소스재료〉
· 진간장 15ml · 검은 후춧가루 1g · 청주 15ml · 달걀(중) 1개 · 백설탕
15g · 녹말가루(감자전분) 150g · 식초 15ml · 마늘(중/깐 것) 3쪽
· 생강 5g · 참기름 5ml · 식용유 800ml · 소금(정제염) 10g

조리방법

1. 닭다리살은 사방 3cm 정도 사각형으로 자른 후 간장, 청주, 후춧가루를 넣고 밑간한다.
2. 홍고추, 대파, 마늘, 생강, 피망은 0.5×0.5cm로 잘게 썬다.
3. 닭다리살에 달걀, 전분, 튀김옷을 입혀 주물러주고 160℃의 기름에 두 번 바삭하게 튀긴다.
4. 그릇에 물 2큰술, 식초 15ml, 설탕 15g, 간장 15ml, 청주 15ml, 후추 1g을 넣고 소스를 만든다.
5. 팬에 기름을 두르고 마늘, 생강을 넣어 고루 볶은 뒤 홍고추, 청피망을 넣어 볶다가 만들어 놓은 소
　 스를 넣고 끓으면 튀긴 닭을 넣어 참기름을 치고 재빨리 볶아 버무려낸다.

紅燒豆腐
홍쇼두부

시험시간 30분

요구사항

※ 주어진 재료를 사용하여 홍쇼두부를 만드시오.

❶ 두부는 사방 5cm, 두께 1cm 정도의 삼각형 크기로 써시오.
❷ 두부는 하나씩 붙지 않게 잘 튀겨내고 채소는 편으로 써시오.

❶ 두부가 으깨지지 않게 갈색이 나도록 하여야 한다.

❷ 녹말가루 농도에 유의하여야 한다.

❸ 조리작품 만드는 순서는 틀리지 않게 하여야 한다.

❹ 숙련된 기능으로 맛을 내야 하므로 조리작업 시 음식의 맛을 보지 않는다.

❺ 지정된 수험자 지참준비물 이외의 조리기구나 재료를 시험장 내에 지참할 수 없다.

❻ 지급재료는 시험 전 확인하여 이상이 있을 경우 시험위원으로부터 조치를 받고 시험도중에는 재료의 교환 및 추가지급은 하지 않는다.

❼ 다음과 같은 경우에는 채점대상에서 제외한다.
  – 시험시간 내에 과제 두 가지를 제출하지 못한 경우 : 미완성

  – 시험시간 내에 제출된 과제라도 다음과 같은 경우
  • 문제의 요구사항대로 작품의 수량이 만들어지지 않은 경우 : 미완성
  • 해당과제의 지급재료 이외의 재료를 사용한 경우 : 오작
  • 구이를 찜으로 조리하는 등과 같이 요리의 형태를 다르게 만든 경우 : 오작
  • 불을 사용하여 만든 조리작품이 작품특성에 벗어나는 정도로 타거나 익지 않은 경우 : 실격
  • 가스레인지 화구를 2개 이상 사용한 경우 : 실격
  • 시험 중 시설·장비(칼, 가스레인지 등) 사용 시 감독위원 및 타 수험자의 시험진행에 위협이 될 것으로 감독위원 전원이 합의하여 판단한 경우 : 실격

❽ 항목별 배점은 위생상태 및 안전관리 5점, 조리기술 30점, 작품의 평가 15점이다.

지급재료 목록

〈주재료 및 부재료〉

• 두부 150g • 돼지등심(살코기) 50g • 건표고버섯(지름 5cm 정도, 물에 불린 것) 2개 • 죽순(통조림(whole), 고형분) 30g • 청경채 1포기 • 대파(흰 부분 6cm 기준) 1토막 • 홍고추(생) 1개 • 양송이버섯(통조림(whole), 큰 것) 2개 • 달걀(중) 1개

〈양념 및 소스재료〉

• 마늘(중, 간 것) 3쪽 • 생강 5g • 진간장 15ml • 육수(또는 물) 100ml • 녹말가루(감자전분) 10g • 청주 5ml • 참기름 5ml • 식용유 300ml

조리방법

1. 두부는 물기를 제거한 다음 사방 5cm, 두께 1cm의 삼각형으로 일정하게 썰어 160℃의 기름에 노릇하게 튀겨낸다.

2. 돼지고기는 납작하게 편으로 썰어 간장, 청주로 밑간하여 달걀과 물녹말로 잘 버무려 기름 100℃에 살짝 익혀낸다.

3. 죽순, 양송이, 표고버섯을 편으로 썬다. 청경채도 중간부분으로 5cm 정도 길이로 썬다.

4. 대파, 마늘은 잘게 편으로 썰고 생강은 다진다.

5. 팬에 기름을 둘러 뜨거워지면 대파, 마늘, 생강을 넣고 볶다가 청주, 간장을 1큰술씩 넣고 채소를 넣어 볶는다.

6. 육수를 넣고 굴소스, 후춧가루를 넣고 ②의 고기와 튀김두부도 넣고 녹말물을 조금씩 넣어 걸쭉해지면 참기름을 치고 버무려낸다.

Chinese Food

麻婆豆腐
마파두부

시험시간 25분

요구사항

※ 주어진 재료를 사용하여 마파두부를 만드시오.

❶ 두부는 1.5cm 정도의 주사위 모양으로 써시오.
❷ 두부가 차지 않게 하시오.

수험자 유의사항

❶ 두부가 으깨어지지 않아야 한다.

❷ 녹말가루 농도에 유의하여야 한다.

❸ 조리작품 만드는 순서는 틀리지 않게 하여야 한다.

❹ 숙련된 기능으로 맛을 내야 하므로 조리작업 시 음식의 맛을 보지 않는다.

❺ 지정된 수험자 지참준비물 이외의 조리기구나 재료를 시험장 내에 지참할 수 없다.

❻ 지급재료는 시험 전 확인하여 이상이 있을 경우 시험위원으로부터 조치를 받고 시험도중에는 재료의 교환 및 추가지급은 하지 않는다.

❼ 다음과 같은 경우에는 채점대상에서 제외한다.
  - 시험시간 내에 과제 두 가지를 제출하지 못한 경우 : 미완성

  - 시험시간 내에 제출된 과제라도 다음과 같은 경우
  • 문제의 요구사항대로 작품의 수량이 만들어지지 않은 경우 : 미완성
  • 해당과제의 지급재료 이외의 재료를 사용한 경우 : 오작
  • 구이를 찜으로 조리하는 등과 같이 요리의 형태를 다르게 만든 경우 : 오작
  • 불을 사용하여 만든 조리작품이 작품특성에 벗어나는 정도로 타거나 익지 않은 경우 : 실격
  • 가스레인지 화구를 2개 이상 사용한 경우 : 실격
  • 시험 중 시설 · 장비(칼, 가스레인지 등) 사용 시 감독위원 및 타 수험자의 시험진행에 위협이 될 것으로 감독위원 전원이 합의하여 판단한 경우 : 실격

❽ 항목별 배점은 위생상태 및 안전관리 5점, 조리 기술 30점, 작품의 평가 15점이다.

지급재료 목록

〈주재료 및 부재료〉
• 두부 150g • 대파(흰 부분 6cm 기준) 1토막 • 홍고추(생) 1개
• 돼지등심(살코기) 50g

〈양념 및 소스재료〉
• 마늘(중/깐 것) 2쪽 • 생강 5g • 두반장 10g • 검은 후춧가루 5g
• 육수(또는 물) 100ml • 백설탕 5g • 녹말가루(감자전분) 15g
• 참기름 5ml • 식용유 20ml • 진간장 10ml • 고춧가루 15g

조리방법

1. 두부는 사방 1.5cm 크기의 정방형으로 썬 다음 끓는 물에 데쳐서 물기를 빼준다.

2. 대파, 마늘, 생강, 홍고추는 잘게 썰고 고기도 다져 놓는다.

3. 팬에 고추기름을 두르고 뜨거워지면 대파, 마늘, 생강, 홍고추를 볶다가 돼지고기를 넣어 볶는다.

4. 청주, 간장을 넣고 두반장을 넣어 볶다가 육수와 설탕, 후춧가루로 양념하여 끓인 후 두부를 넣고 살짝 끓인다.

5. 물전분을 조금씩 부어가며 골고루 잘 섞은 다음 참기름을 넣고 섞어서 마무리한다.

※ 고추기름 만드는 방법 : 팬에 식용유 3큰술 넣고 끓으면 고춧가루 2큰술을 넣어 식용유에 고춧가루가 배어 기름이 우러나오면 면보에 걸러 사용한다.

水餃子
물만두

<table>
<tr><td>시험시간
35분</td></tr>
</table>

요구사항

※ **주어진 재료를 사용하여 물만두를 만드시오.**

❶ 만두피는 찬물로 반죽하시오.
❷ 만두피의 크기는 직경 6cm 정도로 하시오.
❸ 만두는 8개를 만드시오.

❶ 만두속은 알맞게 넣어 피가 찢어지지 않게 한다.

❷ 만두피는 밀대로 밀어서 만들어야 한다.

❸ 조리작품 만드는 순서는 틀리지 않게 하여야 한다.

❹ 숙련된 기능으로 맛을 내야 하므로 조리작업 시 음식의 맛을 보지 않는다.

❺ 지정된 수험자 지참준비물 이외의 조리기구나 재료를 시험장 내에 지참할 수 없다.

❻ 지급재료는 시험 전 확인하여 이상이 있을 경우 시험위원으로부터 조치를 받고 시험도중에는 재료의 교환 및 추가지급은 하지 않는다.

❼ 다음과 같은 경우에는 채점대상에서 제외한다.
  – 시험시간 내에 과제 두 가지를 제출하지 못한 경우 : 미완성

– 시험시간 내에 제출된 과제라도 다음과 같은 경우

• 문제의 요구사항대로 작품의 수량이 만들어지지 않은 경우 : 미완성

• 해당과제의 지급재료 이외의 재료를 사용한 경우 : 오작

• 구이를 찜으로 조리하는 등과 같이 요리의 형태를 다르게 만든 경우 : 오작

• 불을 사용하여 만든 조리작품이 작품특성에 벗어나는 정도로 타거나 익지 않은 경우 : 실격

• 가스레인지 화구를 2개 이상 사용한 경우 : 실격

• 시험 중 시설 · 장비(칼, 가스레인지 등) 사용 시 감독위원 및 타 수험자의 시험진행에 위협이 될 것으로 감독위원 전원이 합의하여 판단한 경우 : 실격

❽ 항목별 배점은 위생상태 및 안전관리 5점, 조리기술 30점, 작품의 평가 15점이다.

지급재료 목록

〈주재료 및 부재료〉
• 밀가루(중력분) 150g • 돼지등심(살코기) 50g • 조선부추 30g
• 대파(흰 부분 6cm 기준) 1토막

〈양념 및 소스재료〉
• 생강 5g • 소금(정제염) 10g • 진간장 10ml • 청주 5ml • 참기름 5ml
• 검은 후춧가루 3g

조리방법

1. 밀가루 100g에 소금 1작은술, 물 4큰술 정도를 타서 부어가면서 반죽한 다음 면보로 덮어 잠깐 놔둔다.

2. 다진 돼지고기, 다진 생강, 잘게 썬 부추를 다진 파와 같이 섞는다.

3. ②에 청주, 간장, 소금, 후추, 참기름을 넣고 잘 버무려 만두소를 준비한다.

4. 반죽을 여러 번 치댄 후 돌돌 말아 손가락 굵기로 길게 모양을 만든다. 반죽모양이 자리를 잡으면 중간밤톨크기 8개를 손가락으로 뚝뚝 떼내어 밀가루를 바닥에 뿌려놓고 손바닥으로 납작하게 눌러 만두피를 만든다.

5. 납작해진 반죽을 지름이 약 6cm가 되도록 밀대로 민다. 이때 만두피 중앙이 약간 두툼해지도록 민다.

6. 만두피에 만두소를 작은 스푼으로 한 스푼 정도 넣은 다음 반으로 접어 손바닥에 올려놓고 양쪽 손엄지로 꾹꾹 눌러 8개의 만두를 만든다.

7. 끓는 물에 만두를 넣고 끓어 오르면 2~3회 물을 조금씩 부어 완전히 익어 떠오르면 접시에 담고 국물을 잘박하게 부어낸다.

Chinese Food
拔絲地瓜
빠스고구마

시험시간 25분

요구사항

※ 주어진 재료를 사용하여 다음과 같이 빠스고구마를 만드시오.

❶ 고구마는 껍질을 벗기고 먼저 길게 4등분을 내고, 다시 4cm 정도 길이의 다각형으로 돌려썰기하시오.

❷ 튀김이 바삭하게 되도록 하시오.

❶ 시럽이 타거나 튀긴 고구마가 타지 않도록 한다.

❷ 조리작품 만드는 순서는 틀리지 않게 하여야 한다.

❸ 숙련된 기능으로 맛을 내야 하므로 조리작업 시 음식의 맛을 보지 않는다.

❹ 지정된 수험자 지참준비물 이외의 조리기구나 재료를 시험장 내에 지참할 수 없다.

❺ 지급재료는 시험 전 확인하여 이상이 있을 경우 시험위원으로부터 조치를 받고 시험도중에는 재료의 교환 및 추가지급은 하지 않는다.

❻ 다음과 같은 경우에는 채점대상에서 제외한다.
  - 시험시간 내에 과제 두 가지를 제출하지 못한 경우 : 미완성
  - 시험시간 내에 제출된 과제라도 다음과 같은 경우

• 문제의 요구사항대로 작품의 수량이 만들어지지 않은 경우 : 미완성

• 해당과제의 지급재료 이외의 재료를 사용한 경우 : 오작

• 구이를 찜으로 조리하는 등과 같이 요리의 형태를 다르게 만든 경우 : 오작

• 불을 사용하여 만든 조리작품이 작품특성에 벗어나는 정도로 타거나 익지 않은 경우 : 실격

• 가스레인지 화구를 2개 이상 사용한 경우 : 실격

• 시험 중 시설ㆍ장비(칼, 가스레인지 등) 사용 시 감독위원 및 타 수험자의 시험진행에 위협이 될 것으로 감독위원 전원이 합의하여 판단한 경우 : 실격

❼ 항목별 배점은 위생상태 및 안전관리 5점, 조리기술 30점, 작품의 평가 15점이다.

지급재료 목록

〈주재료 및 부재료〉
• 고구마(300g 정도) 1개

〈양념 및 소스재료〉
• 식용유 1,000ml • 백설탕 100g • 찬물 1작은술

조리방법

1. 고구마는 껍질을 벗긴 다음 길이 4cm 크기의 다각형 모양으로 돌려깎기로 썰어서 기름에 노릇노릇하고 바삭하게 튀겨낸다.

2. 접시에 기름을 골고루 조금씩 발라둔다.

3. 팬에 약간의 식용유를 두르고 가열한 후 설탕을 넣고 얇게 펴서 가열하여 갈색 시럽을 만든 다음 튀긴 고구마를 넣고 찬물 1작은술 정도를 끼얹어 재빨리 버무려 접시에 담아낸다.

拔絲玉米
빠스옥수수

시험시간 25분

요구사항

※ **주어진 재료를 사용하여 빠스옥수수를 만드시오.**

❶ 완자의 크기를 직경 3cm 정도의 공 모양으로 하시오.
❷ 설탕시럽이 혼탁하지 않게 갈색이 나도록 하시오.
❸ 빠스옥수수는 6개 만드시오.

❶ 팬의 설탕이 타지 않아야 한다.

❷ 완자 모양이 흐트러지지 않아야 하며 타지 않아야 한다.

❸ 조리작품 만드는 순서는 틀리지 않게 하여야 한다.

❹ 숙련된 기능으로 맛을 내야 하므로 조리작업 시 음식의 맛을 보지 않는다.

❺ 지정된 수험자 지참준비물 이외의 조리기구나 재료를 시험장 내에 지참할 수 없다.

❻ 지급재료는 시험 전 확인하여 이상이 있을 경우 시험위원으로부터 조치를 받고 시험도중에는 재료의 교환 및 추가지급은 하지 않는다.

❼ 다음과 같은 경우에는 채점대상에서 제외한다.
  – 시험시간 내에 과제 두 가지를 제출하지 못한 경우 : 미완성

  – 시험시간 내에 제출된 과제라도 다음과 같은 경우
  • 문제의 요구사항대로 작품의 수량이 만들어지지 않은 경우 : 미완성
  • 해당과제의 지급재료 이외의 재료를 사용한 경우 : 오작
  • 구이를 찜으로 조리하는 등과 같이 요리의 형태를 다르게 만든 경우 : 오작
  • 불을 사용하여 만든 조리작품이 작품특성에 벗어나는 정도로 타거나 익지 않은 경우 : 실격
  • 가스레인지 화구를 2개 이상 사용한 경우 : 실격
  • 시험 중 시설·장비(칼, 가스레인지 등) 사용 시 감독위원 및 타 수험자의 시험진행에 위협이 될 것으로 감독위원 전원이 합의하여 판단한 경우 : 실격

❽ 항목별 배점은 위생상태 및 안전관리 5점, 조리기술 30점, 작품의 평가 15점이다.

지급재료 목록

〈주재료 및 부재료〉
• 옥수수[통조림(고형분)] 120g • 땅콩 7알 • 밀가루(중력분) 80g
• 달걀(중) 1개

〈양념 및 소스재료〉
• 백설탕 50g • 식용유 500ml

조리방법

1. 옥수수는 물기를 빼준 다음 부드럽게 다진다.

2. 깐 땅콩도 다진 다음 옥수수에 섞고, 계란 노른자, 밀가루를 넣어 반죽한 다음 지름 3cm 정도 크기의 완자를 6개 만들어 140℃의 기름에 튀긴다.

3. 접시에 기름을 골고루 조금씩 발라둔다.

4. 팬에 약간의 기름을 넣고 설탕을 넣어 약한 불에서 잘 저어서 갈색빛이 나는 시럽이 되면 튀긴 옥수수를 넣고 찬물 1작은술을 넣어 재빨리 섞는다.

5. 기름 바른 접시 위에 빠스옥수수를 담아낸다.

糖醋肉
탕수육

시험시간 30분

요구사항

※ 주어진 재료를 사용하여 탕수육을 만드시오.

❶ 돼지고기는 길이를 4㎝ 정도로 하고 두께는 1㎝ 정도의 긴 사각형 크기로 써시오.
❷ 채소는 편으로 써시오.

❶ 소스 녹말가루 농도에 유의한다.

❷ 맛은 시고 단맛이 동일하여야 한다.

❸ 조리작품 만드는 순서는 틀리지 않게 하여야 한다.

❹ 숙련된 기능으로 맛을 내야 하므로 조리작업 시 음식의 맛을 보지 않는다.

❺ 지정된 수험자 지참준비물 이외의 조리기구나 재료를 시험장 내에 지참할 수 없다.

❻ 지급재료는 시험 전 확인하여 이상이 있을 경우 시험위원으로부터 조치를 받고 시험도중에는 재료의 교환 및 추가지급은 하지 않는다.

❼ 다음과 같은 경우에는 채점대상에서 제외한다.

– 시험시간 내에 과제 두 가지를 제출하지 못한 경우 : 미완성

– 시험시간 내에 제출된 과제라도 다음과 같은 경우
• 문제의 요구사항대로 작품의 수량이 만들어지지 않은 경우 : 미완성
• 해당과제의 지급재료 이외의 재료를 사용한 경우 : 오작
• 구이를 찜으로 조리하는 등과 같이 요리의 형태를 다르게 만든 경우 : 오작
• 불을 사용하여 만든 조리작품이 작품특성에 벗어나는 정도로 타거나 익지 않은 경우 : 실격
• 가스레인지 화구를 2개 이상 사용한 경우 : 실격
• 시험 중 시설·장비(칼, 가스레인지 등) 사용 시 감독위원 및 타 수험자의 시험진행에 위협이 될 것으로 감독위원 전원이 합의하여 판단한 경우 : 실격

❽ 항목별 배점은 위생상태 및 안전관리 5점, 조리기술 30점, 작품의 평가 15점이다.

지급재료 목록

〈주재료 및 부재료〉
• 돼지등심(살코기) 200g • 달걀(중) 1개 • 당근(중/길이로 썰어서) 30g
• 완두(통조림) 15g • 오이(중) 1/10개 • 건목이버섯 2개 • 양파 1/4개

〈양념 및 소스재료〉
• 진간장 15ml • 녹말가루(감자전분) 200g • 식용유 800ml
• 육수(또는 물) 200ml • 식초 50ml • 백설탕 30g
• 대파(흰 부분 6cm 기준) 1토막 • 청주 15ml

조리방법

1. 당근, 오이, 대파는 편으로 썰고, 양파는 3~4cm 정도 삼각형으로 썬다. 목이버섯은 물에 담가 불려서 밑동을 자른 뒤 먹기 좋은 크기로 뜯어놓는다.

2. 돼지고기는 길이 4cm, 두께 1cm 정도로 썰어 청주, 간장을 넣어 밑간한 다음 달걀과 된녹말을 넣고 튀김옷을 입힌다.

3. 튀김옷을 입힌 돼지고기는 160℃의 기름에 한쪽씩 넣고 튀기다가 건져낸다.

4. 건져낸 고기를 국자나 주걱으로 툭툭 쳐서 기름과 수분을 제거한 뒤 다시 튀겨낸다.

5. 팬에 기름을 두르고 대파, 양파를 볶다가 당근, 오이, 목이버섯을 넣고 완두콩도 넣어 볶다가 육수 1컵과 간장 1큰술, 설탕 4큰술, 식초 4큰술을 넣고 끓인다.

6. 끓으면 물전분을 부어 걸쭉하게 한 다음 튀긴 고기를 넣고 잘 섞어낸다.

Chinese Food
炒肉兩張皮
양장피잡채

시험시간 35분

요구사항

※ 주어진 재료를 사용하여 양장피잡채를 만드시오.

❶ 양장피는 사방 4㎝ 정도로 하시오.
❷ 고기와 채소는 5㎝ 정도 길이로 채를 써시오.
❸ 겨자는 숙성시켜 사용하시오.

❶ 접시에 담아낼 때 모양에 유의하여야 한다.

❷ 볶음 재료와 복지 않는 재료의 분별에 유의하여야 한다.

❸ 조리작품 만드는 순서는 틀리지 않게 하여야 한다.

❹ 숙련된 기능으로 맛을 내야 하므로 조리작업 시 음식의 맛을 보지 않는다.

❺ 지정된 수험자 지참준비물 이외의 조리기구나 재료를 시험장 내에 지참할 수 없다.

❻ 지급재료는 시험 전 확인하여 이상이 있을 경우 시험위원으로부터 조치를 받고 시험도중에는 재료의 교환 및 추가지급은 하지 않는다.

❼ 다음과 같은 경우에는 채점대상에서 제외한다.
  – 시험시간 내에 과제 두 가지를 제출하지 못한 경우 : 미완성
  – 시험시간 내에 제출된 과제라도 다음과 같은 경우

• 문제의 요구사항대로 작품의 수량이 만들어지지 않은 경우 : 미완성

• 해당과제의 지급재료 이외의 재료를 사용한 경우 : 오작

• 구이를 찜으로 조리하는 등과 같이 요리의 형태를 다르게 만든 경우 : 오작

• 불을 사용하여 만든 조리작품이 작품특성에 벗어나는 정도로 타거나 익지 않은 경우 : 실격

• 가스레인지 화구를 2개 이상 사용한 경우 : 실격

• 시험 중 시설 · 장비(칼, 가스레인지 등) 사용 시 감독위원 및 타 수험자의 시험진행에 위협이 될 것으로 감독위원 전원이 합의하여 판단한 경우 : 실격

❽ 항목별 배점은 위생상태 및 안전관리 5점, 조리기술 30점, 작품의 평가 15점이다.

지급재료 목록

〈주재료 및 부재료〉
• 양장피 1/2장 • 돼지등심(살코기) 50g • 양파(중, 150g 정도) 80g • 조선부추 30g • 건목이버섯 3개 • 당근(중/길이로 썰어서) 1/4개 • 오이(중) 1/3개 • 달걀(중) 1개 • 새우살(소) 50g • 갑오징어(오징어 대체 가능) 50g • 건해삼(불린 것) 60g

〈양념 및 소스재료〉
• 진간장 5ml • 참기름 5ml • 겨자 10g • 식초 50ml • 백설탕 30g • 육수(물로 대체 가능) 30ml • 식용유 20ml • 소금(정제염) 3g

조리방법

1. 겨잣가루와 따뜻한 물을 1:1 분량으로 섞어 따뜻한 곳에 10분 정도 발효시킨 다음 물 1큰술, 식초 1큰술, 설탕 1큰술, 소금 1/2작은술을 넣고 겨자소스를 만든다.

2. 불린 해삼은 채썰어 식초에 약간 버무리고, 갑오징어도 칼집내 5cm 정도 가로방향으로 썰어 데친다. 새우는 삶아 반으로 갈라놓는다.

3. 달걀은 노른자와 흰자로 분리해 지단을 부쳐서 채썬다. 당근은 채썰어 살짝 데쳐 식히고 오이도 채썰어 각각의 재료를 접시에 돌려가며 담는다. (새우, 해삼도 접시에 돌려 장식한다.)

4. 양장피는 사방 4cm로 잘라 끓는 물에 삶아서 찬물에 헹군 다음 물기를 빼고 참기름 1작은술을 넣고 버무린 후 채소류 담은 접시 중앙에 담는다. 목이버섯도 물에 불려 뜯어놓는다.

5. 고기는 결대로 4cm로 썰고 양파, 부추는 5cm 길이로 일정하게 썰어 따로 준비한다.

6. 팬에 식용유를 두르고 양파, 고기를 볶은 다음 불린 목이버섯도 채썰어 볶고 청주, 간장을 넣은 후 부추를 넣어 살짝 볶는다.

7. ⑥의 재료에 참기름을 넣고 잘 버무려 양장피 위에 올린 다음 겨자소스는 만들어 다른 그릇에 담아 함께 낸다.

※ 양장피잡채 조리 중 볶아야 하는 채소류 : 양파, 고기, 부추, 목이버섯

炒蔬菜
채소볶음

시험시간 25분

요구사항

※ 주어진 재료를 사용하여 채소볶음을 만드시오.

❶ 모든 채소는 길이 4cm 정도의 편으로 써시오.
❷ 대파, 마늘, 생강을 제외한 모든 채소는 끓는 물에 살짝 데쳐서 사용하시오.

❶ 팬에 붙거나 타지 않게 볶아야 한다.

❷ 재료에서 물이 흘러나오지 않게 색을 살려야 한다.

❸ 조리작품 만드는 순서는 틀리지 않게 하여야 한다.

❹ 숙련된 기능으로 맛을 내야 하므로 조리작업 시 음식의 맛을 보지 않는다.

❺ 지정된 수험자 지참준비물 이외의 조리기구나 재료를 시험장 내에 지참할 수 없다.

❻ 지급재료는 시험 전 확인하여 이상이 있을 경우 시험위원으로부터 조치를 받고 시험도중에는 재료의 교환 및 추가지급은 하지 않는다.

❼ 다음과 같은 경우에는 채점대상에서 제외한다.
 – 시험시간 내에 과제 두 가지를 제출하지 못한 경우 : 미완성

 – 시험시간 내에 제출된 과제라도 다음과 같은 경우
 • 문제의 요구사항대로 작품의 수량이 만들어지지 않은 경우 : 미완성
 • 해당과제의 지급재료 이외의 재료를 사용한 경우 : 오작
 • 구이를 찜으로 조리하는 등과 같이 요리의 형태를 다르게 만든 경우 : 오작
 • 불을 사용하여 만든 조리작품이 작품특성에 벗어나는 정도로 타거나 익지 않은 경우 : 실격
 • 가스레인지 화구를 2개 이상 사용한 경우 : 실격
 • 시험 중 시설 · 장비(칼, 가스레인지 등) 사용 시 감독위원 및 타 수험자의 시험진행에 위협이 될 것으로 감독위원 전원이 합의하여 판단한 경우 : 실격

❽ 항목별 배점은 위생상태 및 안전관리 5점, 조리기술 30점, 작품의 평가 15점이다.

지급재료 목록

〈주재료 및 부재료〉
• 청경채 1개 • 대파(흰 부분 6cm 기준) 1토막 • 당근(중/길이로 썰어서) 50g • 죽순(통조림(whole), 고형분) 30g • 청피망 75g • 건표고버섯(지름 5cm 정도, 물에 불린 것) 2개 • 셀러리 30g • 양송이버섯(통조림(whole), 큰 것) 2개

〈양념 및 소스재료〉
• 식용유 45ml • 소금(정제염) 5g • 진간장 5ml • 청주 5ml • 참기름 5ml • 육수(또는 물) 50ml • 마늘(중/깐 것) 1쪽 • 흰 후춧가루 2g • 생강 5g • 녹말가루(감자전분) 20g

조리방법

1. 대파는 4cm 길이로 썰고 마늘, 생강도 가는 편으로 썰어놓는다.

2. 당근, 죽순, 표고버섯, 피망은 길게 4cm 정도 편으로 썬 다음 끓는 물에 데쳐서 물기를 빼준다.

3. 청경채는 중간부분으로 길이 4cm가 되도록 썰어놓고 셀러리도 바깥쪽 섬유줄기를 벗겨 길이 4cm의 편으로 썰어 각각 살짝 데쳐놓는다.

4. 팬에 식용유를 두르고 대파, 마늘, 생강을 넣어 볶는다.

5. 청주, 간장을 넣고 데친 채소를 넣어 볶은 다음 육수와 후추를 넣는다.

6. 물녹말로 농도를 맞춘 뒤 참기름을 넣고 버무려낸다.

Chinese Food

糖醋黃魚
탕수조기

시험시간 30분

요구사항

※ 주어진 재료를 사용하여 탕수조기를 만드시오.

❶ 조기는 아가미로 내장을 빼고 가로로 2㎝ 정도의 간격으로 칼집을 넣으시오.
❷ 채소는 채로 썰어 소스를 만들고 그 소스를 통생선 위에 얹어놓으시오.

❶ 생선과 소스는 완전히 익혀야 한다.
❷ 소스 녹말가루 농도에 유의한다.
❸ 조리작품 만드는 순서는 틀리지 않게 하여야 한다.
❹ 숙련된 기능으로 맛을 내야 하므로 조리작업 시 음식의 맛을 보지 않는다.
❺ 지정된 수험자 지참준비물 이외의 조리기구나 재료를 시험장 내에 지참할 수 없다.
❻ 지급재료는 시험 전 확인하여 이상이 있을 경우 시험위원으로부터 조치를 받고 시험도중에는 재료의 교환 및 추가지급은 하지 않는다.
❼ 다음과 같은 경우에는 채점대상에서 제외한다.
  – 시험시간 내에 과제 두 가지를 제출하지 못한 경우 : 미완성

– 시험시간 내에 제출된 과제라도 다음과 같은 경우
• 문제의 요구사항대로 작품의 수량이 만들어지지 않은 경우 : 미완성
• 해당과제의 지급재료 이외의 재료를 사용한 경우 : 오작
• 구이를 찜으로 조리하는 등과 같이 요리의 형태를 다르게 만든 경우 : 오작
• 불을 사용하여 만든 조리작품이 작품특성에 벗어나는 정도로 타거나 익지 않은 경우 : 실격
• 가스레인지 화구를 2개 이상 사용한 경우 : 실격
• 시험 중 시설·장비(칼, 가스레인지 등) 사용 시 감독위원 및 타 수험자의 시험진행에 위협이 될 것으로 감독위원 전원이 합의하여 판단한 경우 : 실격
❽ 항목별 배점은 위생상태 및 안전관리 5점, 조리기술 30점, 작품의 평가 15점이다.

지급재료 목록

〈주재료 및 부재료〉
• 조기(길이 20cm 이상) 1마리 • 배추(1잎 정도) 20g • 당근(중/길이로 썰어서) 1/4개 • 건표고버섯(지름 5cm 정도, 물에 불린 것) 1개 • 건목이버섯 2개 • 대파(흰 부분 6cm 기준) 1토막 • 달걀(중) 1개

〈양념 및 소스재료〉
• 생강 5g • 진간장 60ml • 백설탕 50g • 식초 30ml • 청주 30ml • 녹말가루(감자전분) 200g • 식용유 800ml • 육수(또는 물) 300ml

조리방법

1. 배추, 당근, 표고버섯, 대파, 생강은 채썰고 목이버섯도 물에 불려서 채썰어 놓는다.
2. 조기는 비늘제거기로 비늘을 깨끗이 제거하고 아가미 쪽으로 젓가락을 이용하여 내장을 뺀 후 양쪽 몸통 표면에 비스듬히 2cm 정도 간격으로 칼집을 넣고 간장, 청주로 밑간한다.
3. 된녹말, 달걀을 섞어서 튀김옷을 만든 다음 칼집 넣은 곳에 골고루 발라 170℃의 기름에 머리부분을 먼저 넣고 2번 튀긴 후 접시에 세워 담는다.
4. 팬에 기름을 두르고 대파, 생강을 볶다가 간장, 청주로 향을 내고 채소를 넣어 볶은 뒤 육수를 붓고 설탕, 소금, 식초를 넣어 소스가 끓으면 녹말물을 조금씩 풀어 농도가 걸쭉해지면 튀겨놓은 조기 위에 끼얹는다.

蕃茄蝦仁
새우케첩볶음

시험시간
25분

요구사항

※ 주어진 재료를 사용하여 다음과 같이 새우케첩볶음을 만드시오.

❶ 새우 내장을 제거하시오.
❷ 당근과 양파는 1cm 정도 크기의 사각으로 써시오.

❶ 튀긴 새우는 타거나 설익지 않도록 한다.

❷ 녹말가루 농도에 유의하여야 한다.

❸ 조리작품 만드는 순서는 틀리지 않게 하여야 한다.

❹ 숙련된 기능으로 맛을 내야 하므로 조리작업 시 음식의 맛을 보지 않는다.

❺ 지정된 수험자 지참준비물 이외의 조리기구나 재료를 시험장 내에 지참할 수 없다.

❻ 지급재료는 시험 전 확인하여 이상이 있을 경우 시험위원으로부터 조치를 받고 시험도중에는 재료의 교환 및 추가지급은 하지 않는다.

❼ 다음과 같은 경우에는 채점대상에서 제외한다.
 – 시험시간 내에 과제 두 가지를 제출하지 못한 경우 : 미완성

 – 시험시간 내에 제출된 과제라도 다음과 같은 경우
 • 문제의 요구사항대로 작품의 수량이 만들어지지 않은 경우 : 미완성
 • 해당과제의 지급재료 이외의 재료를 사용한 경우 : 오작
 • 구이를 찜으로 조리하는 등과 같이 요리의 형태를 다르게 만든 경우 : 오작
 • 불을 사용하여 만든 조리작품이 작품특성에 벗어나는 정도로 타거나 익지 않은 경우 : 실격
 • 가스레인지 화구를 2개 이상 사용한 경우 : 실격
 • 시험 중 시설 · 장비(칼, 가스레인지 등) 사용 시 감독위원 및 타 수험자의 시험진행에 위협이 될 것으로 감독위원 전원이 합의하여 판단한 경우 : 실격

❽ 항목별 배점은 위생상태 및 안전관리 5점, 조리기술 30점, 작품의 평가 15점이다.

지급재료 목록

〈주재료 및 부재료〉
• 새우살(내장이 있는 것) 200g • 당근(중/길이로 썰어서) 30g
• 양파(중, 150g 정도) 50g • 대파(흰 부분 6cm 기준) 1/3토막
• 완두콩 10g

〈양념 및 소스재료〉
• 진간장 15ml • 달걀(중) 1개 • 녹말가루(감자전분) 100g • 토마토케첩 50g • 청주 30ml • 소금(정제염) 2g • 백설탕 10g • 식용유 800ml
• 육수(또는 물) 100ml • 생강 5g • 이쑤시개 1개

조리방법

1. 새우는 등쪽의 내장을 뺀 후 달걀, 전분을 넣고 잘 버무려 160℃의 기름에 두 번 바삭하게 튀긴다.

2. 양파, 당근 등의 채소는 1cm 정도의 사각으로 썬다. 생강은 다져 놓는다. 파도 다진다.

3. 팬에 기름을 두르고 대파, 생강, 청주, 토마토케첩을 넣어 볶다가 양파, 당근 순으로 볶다가 설탕, 식초, 완두콩을 넣는다.

4. 소스가 끓으면 물전분을 풀어서 걸쭉하게 되면 튀긴 새우를 넣고 버무려서 접시에 담아낸다.

Chinese Food

靑椒肉絲
고추잡채

시험시간 25분

요구사항

※ 주어진 재료를 사용하여 고추잡채를 만드시오.

❶ 주재료 피망과 고기는 5cm 정도의 채로 써시오.
❷ 고기에 초벌 간을 하시오.

❶ 팬이 완전히 달구어진 다음 기름을 둘러 범랑처리(코팅)를 하여야 한다.

❷ 피망의 색깔이 선명하도록 너무 볶지 말아야 한다.

❸ 조리작품 만드는 순서는 틀리지 않게 하여야 한다.

❹ 숙련된 기능으로 맛을 내야 하므로 조리작업 시 음식의 맛을 보지 않는다.

❺ 지정된 수험자 지참준비물 이외의 조리기구나 재료를 시험장 내에 지참할 수 없다.

❻ 지급재료는 시험 전 확인하여 이상이 있을 경우 시험위원으로부터 조치를 받고 시험도중에는 재료의 교환 및 추가지급은 하지 않는다.

❼ 다음과 같은 경우에는 채점대상에서 제외한다.
　– 시험시간 내에 과제 두 가지를 제출하지 못한 경우 : 미완성

　– 시험시간 내에 제출된 과제라도 다음과 같은 경우
　• 문제의 요구사항대로 작품의 수량이 만들어지지 않은 경우 : 미완성
　• 해당과제의 지급재료 이외의 재료를 사용한 경우 : 오작
　• 구이를 찜으로 조리하는 등과 같이 요리의 형태를 다르게 만든 경우 : 오작
　• 불을 사용하여 만든 조리작품이 작품특성에 벗어나는 정도로 타거나 익지 않은 경우 : 실격
　• 가스레인지 화구를 2개 이상 사용한 경우 : 실격
　• 시험 중 시설·장비(칼, 가스레인지 등) 사용 시 감독위원 및 타 수험자의 시험진행에 위협이 될 것으로 감독위원 전원이 합의하여 판단한 경우 : 실격

❽ 항목별 배점은 위생상태 및 안전관리 5점, 조리기술 30점, 작품의 평가 15점이다.

지급재료 목록

〈주재료 및 부재료〉
• 돼지등심(살코기) 100g • 청피망 75g • 달걀 1개 • 죽순(통조림(whole), 고형분) 30g • 건표고버섯(지름 5cm 정도, 물에 불린 것) 1/2개
• 양파(중, 150g 정도) 1/2개

〈양념 및 소스재료〉
• 청주 5ml • 녹말가루(감자전분) 15g • 참기름 5ml • 식용유 45ml
• 소금(정제염) 5g • 진간장 15ml

조리방법

1. 피망은 반으로 갈라서 씨를 제거한 다음 5cm로 채썰고 표고버섯, 죽순, 양파도 채썬다.

2. 생강도 잘게 채썬다. (생강의 반은 곱게 갈아 즙을 만든다.)

3. 돼지고기도 5cm로 채썰어 청주, 간장으로 밑간한 다음 녹말, 달걀을 넣고 잘 버무린 다음 팬에 고기가 잠길 만큼의 기름을 넣고 중불에서 익혀낸다.

4. 팬에 기름을 두르고 양파, 생강을 넣고 볶는다.

5. ④에 청주, 간장을 넣어 볶다가 죽순, 표고버섯, 청피망을 넣고 소금으로 간을 한다.

6. ⑤에 익혀둔 돼지고기를 넣고 볶은 다음 참기름을 넣고 접시에 담는다.

炒韮菜
부추잡채

시험시간 20분

요구사항

※ 주어진 재료를 사용하여 다음과 같이 부추잡채를 만드시오.

❶ 부추는 6cm 길이로 써시오.
❷ 고기는 0.3×6cm 길이로 써시오.

❶ 채소의 색이 퇴색되지 않도록 한다.

❷ 조리작품 만드는 순서는 틀리지 않게 하여야 한다.

❸ 숙련된 기능으로 맛을 내야 하므로 조리작업 시 음식의 맛을 보지 않는다.

❹ 지정된 수험자 지참준비물 이외의 조리기구나 재료를 시험장 내에 지참할 수 없다.

❺ 지급재료는 시험 전 확인하여 이상이 있을 경우 시험위원으로부터 조치를 받고 시험도중에는 재료의 교환 및 추가지급은 하지 않는다.

❻ 다음과 같은 경우에는 채점대상에서 제외한다.

 － 시험시간 내에 과제 두 가지를 제출하지 못한 경우 : 미완성

 － 시험시간 내에 제출된 과제라도 다음과 같은 경우

• 문제의 요구사항대로 작품의 수량이 만들어지지 않은 경우 : 미완성

• 해당과제의 지급재료 이외의 재료를 사용한 경우 : 오작

• 구이를 찜으로 조리하는 등과 같이 요리의 형태를 다르게 만든 경우 : 오작

• 불을 사용하여 만든 조리작품이 작품특성에 벗어나는 정도로 타거나 익지 않은 경우 : 실격

• 가스레인지 화구를 2개 이상 사용한 경우 : 실격

• 시험 중 시설·장비(칼, 가스레인지 등) 사용 시 감독위원 및 타 수험자의 시험진행에 위협이 될 것으로 감독위원 전원이 합의하여 판단한 경우 : 실격

❼ 항목별 배점은 위생상태 및 안전관리 5점, 조리기술 30점, 작품의 평가 15점이다.

지급재료 목록

〈주재료 및 부재료〉
• 부추[중국부추(호부추)] 150g • 돼지등심(살코기) 50g • 달걀(중) 1개

〈양념 및 소스재료〉
• 청주 15ml • 소금(정제염) 5g • 참기름 5ml • 식용유 30ml
• 녹말가루(감자전분) 30g

조리방법

1. 부추는 깨끗이 씻은 후 물기를 제거하여 길이 6cm로 자르되 흰 부분과 잎새 부분을 구분해 썬다.

2. 돼지고기는 두께 0.3cm, 길이 6cm로 일정하게 채썰고 청주, 간장을 넣어 밑간한 다음 달걀과 전분을 넣고 버무린다.

3. 팬에 식용유를 고기가 잠길 만큼 넣고 가열하여 고기를 중불에서 익힌다.

4. 팬에 기름을 두르고 생강채와 부추 흰부분을 넣고 청주를 넣어 볶다가 부추의 푸른 부분을 넣고 소금간을 한다.

5. ④에 익혀낸 고기를 넣고 센 불에 볶아서 참기름을 뿌린 후 버무려낸다.

Chinese Food
南煎丸子
난자완스

요구사항

※ 주어진 재료를 사용하여 다음과 같이 난자완스를 만드시오.

❶ 완자는 직경 4㎝ 정도로 둥글고 납작하게 만드시오.
❷ 채소 크기는 4㎝ 정도 크기의 편으로 써시오. (단, 대파는 3㎝ 정도)

❶ 완자는 갈색이 나도록 하여야 한다.
❷ 소스 녹말가루 농도에 유의한다.
❸ 조리작품 만드는 순서는 틀리지 않게 하여야 한다.
❹ 숙련된 기능으로 맛을 내야 하므로 조리작업 시 음식의 맛을 보지 않는다.
❺ 지정된 수험자 지참준비물 이외의 조리기구나 재료를 시험장 내에 지참할 수 없다.
❻ 지급재료는 시험 전 확인하여 이상이 있을 경우 시험위원으로부터 조치를 받고 시험도중에는 재료의 교환 및 추가지급은 하지 않는다.
❼ 다음과 같은 경우에는 채점대상에서 제외한다.
– 시험시간 내에 과제 두 가지를 제출하지 못한 경우 : 미완성
– 시험시간 내에 제출된 과제라도 다음과 같은 경우

• 문제의 요구사항대로 작품의 수량이 만들어지지 않은 경우 : 미완성
• 해당과제의 지급재료 이외의 재료를 사용한 경우 : 오작
• 구이를 찜으로 조리하는 등과 같이 요리의 형태를 다르게 만든 경우 : 오작
• 불을 사용하여 만든 조리작품이 작품특성에 벗어나는 정도로 타거나 익지 않은 경우 : 실격
• 가스레인지 화구를 2개 이상 사용한 경우 : 실격
• 시험 중 시설·장비(칼, 가스레인지 등) 사용 시 감독위원 및 타 수험자의 시험진행에 위협이 될 것으로 감독위원 전원이 합의하여 판단한 경우 : 실격
❽ 항목별 배점은 위생상태 및 안전관리 5점, 조리기술 30점, 작품의 평가 15점이다.

지급재료 목록

〈주재료 및 부재료〉
• 다진 살코기 200g • 대파(흰 부분 6cm 기준) 1토막 • 달걀(중) 1개
• 죽순(통조림(whole), 고형분) 50g • 건표고버섯(지름 5cm 정도, 물에 불린 것) 2개 • 청경채 1포기

〈양념 및 소스재료〉
• 마늘(중/깐 것) 2쪽 • 소금(정제염) 3g • 녹말가루(감자전분) 150g • 생강 5g
• 검은 후춧가루 1g • 진간장 15ml • 청주 20ml • 참기름 5ml • 식용유 800ml • 육수(또는 물) 200ml

조리방법

1. 대파, 죽순, 표고버섯, 청경채는 4cm 크기의 편으로 썰고 마늘은 얇게 편으로, 생강은 곱게 다진다. 파는 3cm 정도로 썬다.

2. 돼지고기는 곱게 다져 생강즙, 청주, 간장, 후춧가루로 밑간하고 달걀과 녹말을 넣고 여러 번 치댄 다음 3cm 크기의 완자로 빚어 살짝 튀긴 후 뒤집어 4cm로 납작하게 국자로 눌러 다시 기름에 넣고 갈색이 나도록 튀긴다.

3. 팬에 식용유를 두르고 대파, 마늘, 생강을 볶다가 청주와 간장을 넣고 채소를 같이 볶아준다.

4. 육수를 넣고 끓으면 후춧가루를 넣고 튀겨놓은 완자를 넣고 중불에서 약간 끓인다.

5. 소스가 조려지면 청경채를 넣고 물녹말을 조금 풀어서 걸쭉한 상태로 만든 다음 참기름을 치고 버무려낸다.

※ 주의사항 : 청경채는 본문 사진에 없지만 지급재료 사진에 있다. 시험장에선 지급재료를 다 사용해야 하므로 청경채는 꼭 사용한다.

Chinese Food

京醬肉絲

경장육사

시험시간
30분

요구사항

※ 주어진 재료를 사용하여 경장육사를 만드시오.

❶ 돼지고기는 길이 5cm 정도의 얇은 채로 써시오.
❷ 춘장은 충분히 볶아서 짜장소스를 만드시오.
❸ 대파채는 길이 5cm 정도로 어슷하게 채썰어 매운맛을 빼고 접시 위에 담으시오.

수험자 유의사항

❶ 돼지고기채는 고기의 결을 따라 썰도록 한다.
❷ 짜장소스는 죽순채, 돼지고기채와 함께 잘 섞어
  져야 한다.
❸ 조리작품 만드는 순서는 틀리지 않게 하여야 한다.
❹ 숙련된 기능으로 맛을 내야 하므로 조리작업 시
  음식의 맛을 보지 않는다.
❺ 지정된 수험자 지참준비물 이외의 조리기구나
  재료를 시험장 내에 지참할 수 없다.
❻ 지급재료는 시험 전 확인하여 이상이 있을 경우
  시험위원으로부터 조치를 받고 시험도중에는
  재료의 교환 및 추가지급은 하지 않는다.
❼ 다음과 같은 경우에는 채점대상에서 제외한다.
  - 시험시간 내에 과제 두 가지를 제출하지 못한 경우 :
    미완성
  - 시험시간 내에 제출된 과제라도 다음과 같은 경우

• 문제의 요구사항대로 작품의 수량이 만들어지지 않
  은 경우 : 미완성
• 해당과제의 지급재료 이외의 재료를 사용한 경우 :
  오작
• 구이를 찜으로 조리하는 등과 같이 요리의 형태를
  다르게 만든 경우 : 오작
• 불을 사용하여 만든 조리작품이 작품특성에 벗어나
  는 정도로 타거나 익지 않은 경우 : 실격
• 가스레인지 화구를 2개 이상 사용한 경우 : 실격
• 시험 중 시설ㆍ장비(칼, 가스레인지 등) 사용 시 감
  독위원 및 타 수험자의 시험진행에 위협이 될 것으
  로 감독위원 전원이 합의하여 판단한 경우 : 실격
❽ 항목별 배점은 위생상태 및 안전관리 5점, 조리
  기술 30점, 작품의 평가 15점이다.

지급재료 목록

〈주재료 및 부재료〉
• 돼지등심(살코기) 150g • 죽순[통조림(shole), 고형분] 100g
• 대파(흰 부분 6cm 기준) 1토막 • 달걀(중) 1개
〈양념 및 소스재료〉
• 춘장 50g • 식용유 300ml • 백설탕 30g • 굴소스 30ml • 청주 30ml
• 진간장 30ml • 녹말가루(감자전분) 50g • 참기름 5ml • 마늘(중, 간
  것) 1쪽 • 생강 5g • 육수(또는 물) 30ml

조리방법

1. 죽순은 5cm 길이로 채썰고 마늘과 생강도 채썬다.

2. 대파는 5cm로 어슷하게 썰어 물에 담가 매운맛을 뺀 다음 접시에 담는다.

3. 돼지고기는 5cm로 가늘게 채썰고 청주, 간장으로 밑간을 한 다음 달걀과 녹말을 넣고 잘 버무려서
   고기가 잠길 정도의 기름을 넣어 중불에서 고기가 뭉치지 않게 튀긴다.

4. 팬에 생짜장이 잠길 정도의 기름을 넣고, 기름이 120℃ 정도로 뜨거워지면 생짜장을 넣어 팬에 눌
   어붙지 않게 볶아놓는다.

5. 팬에 기름을 넣고 뜨거워지면 생강채, 마늘채를 넣고 볶다가 간장, 청주로 향을 내고 육수를 부어
   설탕, 후추, 굴소스, 튀긴 짜장을 넣어 끓으면 튀긴 고기와 죽순채를 넣고 녹말물을 약간 풀어 걸쭉
   해지면 참기름을 치고 볶아서 파채 위에 얹어낸다.

涼拌烏魚
오징어냉채

시험시간 20분

요구사항

※ 주어진 재료를 사용하여 오징어냉채를 만드시오.

❶ 오징어 몸살은 종횡으로 칼집을 내어 3~4㎝ 정도로 써시오.
❷ 오이는 얇게 3㎝ 정도 편으로 썰어 사용하시오.
❸ 겨자를 숙성시킨 후 소스를 만드시오.

지급재료 목록

〈주재료 및 부재료〉
• 갑오징어살(오징어 대체 가능) 100g • 오이(중) 1/3개
〈양념 및 소스재료〉
• 식초 30ml • 백설탕 15g • 소금(정제염) 2g • 육수(또는 물) 20ml
• 참기름 5ml • 겨자 20g

조리방법

1. 겨잣가루와 따뜻한 물을 섞어 약 10분 정도 발효시킨 다음 물 1큰술, 식초 1큰술, 설탕 1큰술, 소금 1작은술, 참기름 1/4작은술을 넣고 겨자소스를 만든다.
2. 갑오징어는 껍질을 제거하고 한쪽 면에 깊숙이 칼집을 넣은 다음 반대방향으로 칼집을 넣고 4cm 크기로 잘라 끓는 물에 데쳐서 다시 찬물에 식혀놓는다.
3. 오이는 가시를 제거하고 깨끗이 씻어 반으로 잘라서 3cm 길이와 0.2cm 두께로 어슷썰기한다.
4. 오징어와 오이를 보기 좋게 섞어서 그릇에 담고 겨자초장을 살짝 뿌린다.
5. 남은 겨자소스는 상에 낼 때 같이 내거나 오징어 위에 뿌린다.

Chinese Food

涼拌海哲皮
해파리냉채

요구사항

※ 주어진 재료를 사용하여 다음과 같이 해파리냉채를 만드시오.

❶ 해파리에 염분이 없도록 하시오.
❷ 오이는 0.2cm×6cm의 채로 써시오.

수험자 유의사항

❶ 해파리는 끓는 물에 살짝 데친 후 사용하도록 한다.

❷ 냉채에 소스가 침투되게 하고 냉채는 함께 섞어 버무려 담는다.

❸ 조리작품 만드는 순서는 틀리지 않게 하여야 한다.

❹ 숙련된 기능으로 맛을 내야 하므로 조리작업 시 음식의 맛을 보지 않는다.

❺ 지정된 수험자 지참준비물 이외의 조리기구나 재료를 시험장 내에 지참할 수 없다.

❻ 지급재료는 시험 전 확인하여 이상이 있을 경우 시험위원으로부터 조치를 받고 시험도중에는 재료의 교환 및 추가지급은 하지 않는다.

❼ 다음과 같은 경우에는 채점대상에서 제외한다.
　－시험시간 내에 과제 두 가지를 제출하지 못한 경우 :

미완성
　－시험시간 내에 제출된 과제라도 다음과 같은 경우
• 문제의 요구사항대로 작품의 수량이 만들어지지 않은 경우 : 미완성
• 해당과제의 지급재료 이외의 재료를 사용한 경우 : 오작
• 구이를 찜으로 조리하는 등과 같이 요리의 형태를 다르게 만든 경우 : 오작
• 불을 사용하여 만든 조리작품이 작품특성에 벗어나는 정도로 타거나 익지 않은 경우 : 실격
• 가스레인지 화구를 2개 이상 사용한 경우 : 실격
• 시험 중 시설·장비(칼, 가스레인지 등) 사용 시 감독위원 및 타 수험자의 시험진행에 위협이 될 것으로 감독위원 전원이 합의하여 판단한 경우 : 실격

❽ 항목별 배점은 위생상태 및 안전관리 5점, 조리기술 30점, 작품의 평가 15점이다.

지급재료 목록

〈주재료 및 부재료〉
• 해파리 150g • 오이(중, 가늘고 곧은 것) 1/2개 • 마늘(중, 깐 것) 3쪽
〈양념 및 소스재료〉
• 식초 45ml • 백설탕 15g • 소금(정제염) 7g • 참기름 5ml

조리방법

1. 해파리는 소금기를 털어내고 끓는 물에 살짝 데친 후 바로 흐르는 찬물에 담가놓는다.

2. 그릇에 물 3큰술, 설탕 1큰술, 식초 2큰술, 참기름 1/2작은술, 소금 1/2작은술을 넣고 섞은 다음 마늘을 곱게 다져 넣고 소스를 만든다.

3. 오이는 껍질을 조금씩 깎아내고 깨끗이 씻어 곱게 채로 썬다.

4. 해파리는 물기를 뺀 뒤 오이와 함께 섞어서 접시에 소복이 올려 담는다.

5. 해파리 위에 소스를 끼얹는다.

川丸子湯
생선완자탕

요구사항

※ **주어진 재료를 사용하여 생선완자탕을 만드시오.**

❶ 완자는 흰살 생선과 달걀 흰자, 녹말가루를 이용하여 2cm 정도 크기로 만드시오.
❷ 완성품은 죽그릇에 완자를 담고 국물을 부어내시오.

지급재료 목록

〈주재료 및 부재료〉
• 흰살 생선살(껍질 벗긴 것/동태 또는 대구) 100g • 달걀(중) 1개
• 양송이버섯(통조림(whole), 큰 것) 1개 • 죽순(통조림(whole), 고형분) 30g • 청경채 1포기

〈양념 및 소스재료〉
• 소금(정제염) 10g • 육수(또는 물) 400ml • 청주 10ml • 참기름 5ml
• 대파(흰 부분 6cm 기준) 1/2토막 • 녹말가루(감자전분) 50g

조리방법

1. 생선살은 살만 발라서 물기를 꼭 짠 후 곱게 다져서 소금, 청주, 달걀 흰자와 전분을 넣고 잘 치댄다.
2. 죽순, 양송이버섯, 청경채는 길이 3cm 정도 편으로 썰고 대파는 둥글게 송송 썬다.
3. 치댄 생선살로 2cm 정도의 완자를 동그랗게 손으로 빚어 수저로 하나씩 떼어서 넣고 끓는 물에 삶는다.
4. 팬에 육수, 청주, 소금을 넣고 썰어놓은 채소를 같이 끓인 후에 참기름을 치고 그릇에 담아 파를 넣는다.
5. 죽그릇 모양의 그릇에 삶아놓은 완자를 담고 ④의 채소류 국물을 잘 부어낸다.

Chinese Food

炸春捲
짜춘권

시험시간
35분

요구사항

※ **주어진 재료를 사용하여 짜춘권을 만드시오.**

❶ 작은 새우를 제외한 채소는 길이 4cm 정도로 써시오.
❷ 지단에 말이 할 때는 길이 3cm 정도 크기의 원통형으로 하시오.
❸ 짜춘권은 길이 3cm 정도 크기로 8개 만드시오.

❶ 새우의 내장을 제거하여야 한다.
❷ 타지 않게 튀겨 썰어내어야 한다.
❸ 조리작품 만드는 순서는 틀리지 않게 하여야 한다.
❹ 숙련된 기능으로 맛을 내야 하므로 조리작업 시 음식의 맛을 보지 않는다.
❺ 지정된 수험자 지참준비물 이외의 조리기구나 재료를 시험장 내에 지참할 수 없다.
❻ 지급재료는 시험 전 확인하여 이상이 있을 경우 시험위원으로부터 조치를 받고 시험도중에는 재료의 교환 및 추가지급은 하지 않는다.
❼ 다음과 같은 경우에는 채점대상에서 제외한다.
   – 시험시간 내에 과제 두 가지를 제출하지 못한 경우 : 미완성
   – 시험시간 내에 제출된 과제라도 다음과 같은 경우

• 문제의 요구사항대로 작품의 수량이 만들어지지 않은 경우 : 미완성
• 해당과제의 지급재료 이외의 재료를 사용한 경우 : 오작
• 구이를 찜으로 조리하는 등과 같이 요리의 형태를 다르게 만든 경우 : 오작
• 불을 사용하여 만든 조리작품이 작품특성에 벗어나는 정도로 타거나 익지 않은 경우 : 실격
• 가스레인지 화구를 2개 이상 사용한 경우 : 실격
• 시험 중 시설 · 장비(칼, 가스레인지 등) 사용 시 감독위원 및 타 수험자의 시험진행에 위협이 될 것으로 감독위원 전원이 합의하여 판단한 경우 : 실격
❽ 항목별 배점은 위생상태 및 안전관리 5점, 조리기술 30점, 작품의 평가 15점이다.

지급재료 목록

〈주재료 및 부재료〉
• 돼지등심(살코기) 50g • 작은 새우살(내장이 있는 것) 30g • 건해삼(불린 것) 20g • 양파(중, 150g 정도) 80g • 조선부추 30g • 건표고버섯(지름 5cm 정도, 물에 불린 것) 2개 • 달걀(중) 2개 • 죽순(통조림(whole), 고형분) 20g

〈양념 및 소스재료〉
• 녹말가루(감자전분) 15g • 진간장 10ml • 소금(정제염) 2g • 검은 후춧가루 2g • 참기름 5ml • 밀가루(중력분) 20g • 식용유 80ml • 대파(흰 부분 6cm 기준) 1/2토막 • 생강 5g • 청주 20ml

조리방법

1. 달걀 2개를 깬 다음 소금과 전분을 1큰술 넣고 잘 섞어서 짜춘권 쌀 지단을 둥근 팬에 부쳐 만들어 낸다. (지름 15cm 정도로 두 개 만든다.)
2. 새우는 등에 있는 검은 내장을 빼고 돼지고기는 가늘게 채썬다. 양파, 해삼, 표고버섯도 같은 크기로 채썰고 부추는 4cm 길이로 일정하게 썬다.
3. 채썬 고기와 새우는 녹말 3g을 넣고 잘 버무린다.
4. 팬에 기름을 2큰술 두르고 새우와 고기를 먼저 볶다가 어느 정도 익으면 청주, 간장을 넣고 부추를 제외한 나머지 채소를 넣고 볶는다.
5. 부추에 조미료, 후춧가루 등을 넣고 간을 한 다음 참기름을 넣고 잘 섞어 그릇에 담아 약간 식혀 놓는다.
6. 지단 위에 미리 볶아놓은 재료를 넣고 김밥 말듯이 손으로 돌돌 말다가 중간쯤에서 양끝을 접어 말아준다. (두 개의 지단에 각각 재료를 분배하여 만든다.)
7. 밀가루와 물을 섞어 풀을 만든 후 지단 끝이 풀리지 않도록 발라 마무리한다.
8. 팬에 식용유를 부어 160~170℃가 되면 지단을 넣어 약간 갈색을 띨 때까지 튀긴다.
9. 튀겨낸 달걀말이를 꺼내 3cm 길이로 각각 4개씩 원통형 높이로 썰어서 8개의 춘권을 접시에 담는다.

Chinese Food

蛋花湯
달걀탕

시험시간 20분

요구사항

※ 주어진 재료를 사용하여 달걀탕을 만드시오.

❶ 대파와 표고, 죽순은 4cm 정도의 채로 써시오.
❷ 수프의 색이 혼탁하지 않게 하시오.

❶ 달걀이 뭉치지 않게 풀어 익힌다.

❷ 녹말가루의 농도에 유의하여야 한다.

❸ 조리작품 만드는 순서는 틀리지 않게 하여야 한다.

❹ 숙련된 기능으로 맛을 내야 하므로 조리작업 시 음식의 맛을 보지 않는다.

❺ 지정된 수험자 지참준비물 이외의 조리기구나 재료를 시험장 내에 지참할 수 없다.

❻ 지급재료는 시험 전 확인하여 이상이 있을 경우 시험위원으로부터 조치를 받고 시험도중에는 재료의 교환 및 추가지급은 하지 않는다.

❼ 다음과 같은 경우에는 채점대상에서 제외한다.
 – 시험시간 내에 과제 두 가지를 제출하지 못한 경우 : 미완성

– 시험시간 내에 제출된 과제라도 다음과 같은 경우
• 문제의 요구사항대로 작품의 수량이 만들어지지 않은 경우 : 미완성
• 해당과제의 지급재료 이외의 재료를 사용한 경우 : 오작
• 구이를 찜으로 조리하는 등과 같이 요리의 형태를 다르게 만든 경우 : 오작
• 불을 사용하여 만든 조리작품이 작품특성에 벗어나는 정도로 타거나 익지 않은 경우 : 실격
• 가스레인지 화구를 2개 이상 사용한 경우 : 실격
• 시험 중 시설 · 장비(칼, 가스레인지 등) 사용 시 감독위원 및 타 수험자의 시험진행에 위협이 될 것으로 감독위원 전원이 합의하여 판단한 경우 : 실격

❽ 항목별 배점은 위생상태 및 안전관리 5점, 조리기술 30점, 작품의 평가 15점이다.

지급재료 목록

〈주재료 및 부재료〉
• 달걀(중) 1개 • 대파(흰 부분 6cm 기준) 1/2토막 • 건표고버섯(지름 5cm 정도, 물에 불린 것) 1개 • 죽순(통조림(whole), 고형분) 20g • 팽이버섯 10g • 돼지등심(살코기) 10g • 건해삼(불린 것) 20g

〈양념 및 소스재료〉
• 진간장 15ml • 육수(또는 물) 450ml • 소금(정제염) 4g • 흰 후춧가루 2g • 녹말가루(감자전분) 15g • 참기름 5ml

조리방법

1. 불린 해삼은 길쭉하고 곱게 채썰고 돼지고기도 가는 채로 썰어놓는다.

2. 죽순, 표고버섯, 대파를 길이 4cm 정도가 되도록 채썰어 준비한다.

3. 팬에 청주, 육수를 붓고 간장, 소금, 후춧가루 등으로 간을 한 다음 해삼과 돼지고기를 넣고 끓인다.

4. 썰어놓은 죽순, 표고버섯, 팽이버섯, 대파를 넣고 끓인다.

5. ④가 끓으면 불을 줄인 다음 물전분을 풀어서 걸쭉하게 한 뒤 다시 달걀을 풀어 서서히 끓여준다.

6. 달걀이 끓어서 올라오면 참기름을 넣고 그릇에 담는다.

호텔요리

Chinese Food

柚汁海鮮冷盤
유자소스해물냉채

재료

〈주재료 및 부재료〉		유자차 간 것	2큰술
해파리	60g	〈양념 및 소스재료〉	
양상추	30g	육수(물)	6큰술
중새우	3마리	설탕	2큰술
관자	1개	식초	2큰술
방울토마토	2개	참기름	1작은술
샐러드채소	30g	소금	1/2작은술
전복	1개	다진 마늘	2큰술

조리방법

1. 해파리는 끓는 물을 부어 데친 다음 바로 찬물로 씻어서 소금기를 뺀 뒤 물에 담가놓는다.
2. 양상추를 잘게 뜯어놓는다.
3. 새우는 내장을 제거하고 삶아서 반으로 편 떠놓는다.
4. 전복, 관자도 편으로 떠서 데친 뒤 식힌다.
5. 그릇에 물, 설탕, 식초, 소금, 참기름을 섞은 뒤 다진 마늘, 갈아놓은 유자를 넣고 소스를 만든다.
6. 그릇에 양상추, 새우, 전복, 키조개살, 방울토마토를 넣고 다시 해파리와 샐러드채소를 올려놓고 소스를 붓는다.

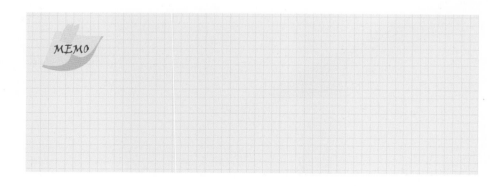

MEMO

Chinese Food

雙鮮倂盤
전복관자냉채

재료

〈주재료 및 부재료〉		〈양념 및 소스재료〉	
전복	2개	케첩	1큰술
오이	약간	설탕	1작은술
키조개살	1개	소금	1작은술
레몬	2쪽	고추기름	1큰술
		다진 마늘	1작은술
		해선장	1큰술

조리방법

1. 오이는 편으로 썰어 접시에 놓고 전복을 삶아 편을 떠서 위에 올려준다.

2. 레몬편은 접시에 깔고 위에 키조개살을 썰어서 데친 다음 식혀서 올려준다.

3. 케첩, 설탕, 소금, 고추기름, 다진 마늘을 잘 섞어서 전복 위에 뿌려준다.

4. 키조개살 위에는 해선장을 올려준다.

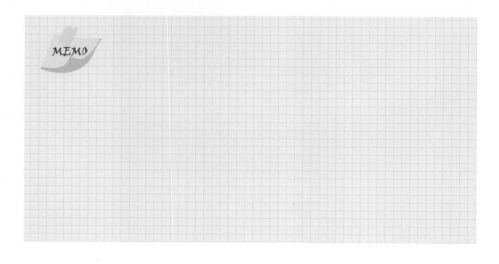

MEMO

魚香蜊子

어향굴튀김

재료

〈주재료 및 부재료〉		〈양념 및 소스재료〉		설탕	1큰술
생굴	150g	튀김기름	2컵	식초	1큰술
밀가루	1컵	식용유	1큰술	후춧가루	1/4작은술
달걀 흰자	1개	소금	조금	물	2/3컵
비타민	50g	고추기름	2큰술	물녹말	2큰술
목이버섯	1개	청주	1큰술	다진 대파	1큰술
죽순	1/4개	간장	1큰술	다진 마늘	1큰술
홍고추	1/2개	두반장	1작은술	다진 생강	1큰술

조리방법

1. 비타민은 센 불에 식용유를 둘러 소금을 넣고 재빠르게 볶아서 접시에 담는다.
2. 생굴은 끓는 물에 살짝 데친 다음, 녹말, 밀가루, 달걀을 넣고 골고루 섞이도록 버무린다.
3. 튀김팬에 튀김기름을 넣고 기름온도가 170℃ 정도 되면 튀김옷을 입힌 굴을 넣고 재빨리 튀긴 다음 시금치 위에 올린다.
4. 팬에 고추기름을 두르고 다진 대파, 다진 생강, 다진 마늘을 볶은 다음 잘게 썬 목이버섯, 죽순, 홍고추를 넣고 약 5초 정도 볶는다.
5. 청주, 간장, 두반장, 설탕, 식초, 후춧가루, 물을 넣고 끓인 다음 물전분을 풀어 걸쭉하게 농도를 맞춰서 어향소스를 만든다.
6. 튀긴 굴 위에 완성된 어향소스를 뿌린다.

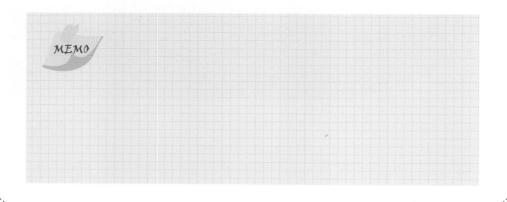

MEMO

XO醬南瓜海鮮

XO소스단호박해물볶음

🥄 재 료

<table>
<tr><td colspan="2">〈주재료 및 부재료〉</td><td colspan="2">〈양념 및 소스재료〉</td></tr>
<tr><td>단호박</td><td>1/2개</td><td>다진 대파</td><td>1큰술</td></tr>
<tr><td>오징어 몸살</td><td>1/2개</td><td>다진 생강 · 마늘</td><td>약간씩</td></tr>
<tr><td>중새우</td><td>1마리</td><td>식용유</td><td>1큰술</td></tr>
<tr><td>관자</td><td>1개</td><td>청주</td><td>1큰술</td></tr>
<tr><td>표고버섯</td><td>1개</td><td>굴소스</td><td>1작은술</td></tr>
<tr><td>브로콜리</td><td>1쪽</td><td>XO소스</td><td>1작은술</td></tr>
<tr><td></td><td></td><td>물</td><td>1큰술</td></tr>
<tr><td></td><td></td><td>물전분</td><td>1작은술</td></tr>
</table>

조리방법

1. 단호박은 반으로 갈라 씨를 제거하고 스팀에 20분 정도 쪄낸다.
2. 오징어살, 중새우, 관자, 표고버서, 브로콜리는 먹기 좋은 크기로 잘라서 끓는 물에 살짝 데친다.
3. 팬에 식용유를 1큰술 넣고 대파, 생강, 마늘을 3초간 볶은 뒤 청주를 붓는다.
4. 데친 재료를 넣고 살짝 볶다가 굴소스, XO소스를 넣고 볶다가 물전분을 풀어준다.
5. 걸쭉하게 만든 다음 단호박 위에 올려낸다.

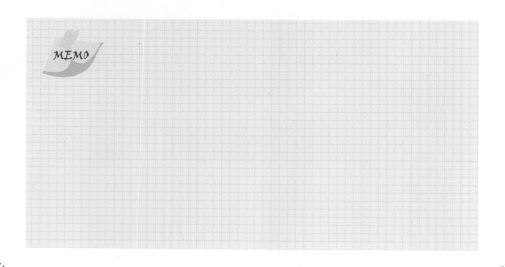

MEMO

辣炒小丁香魚

중국식 멸치볶음

재료

〈주재료 및 부재료〉		식용유	1컵
멸치	60g	고추기름	2큰술
땅콩	50g	청주	1큰술
청양고추	1/2개	굴소스	1큰술
홍고추	1/2개	두반장	1작은술
〈양념 및 소스재료〉		설탕	2큰술
다진 마늘	1/2큰술	물	2큰술
생강	약간		

조리방법

1. 멸치와 땅콩은 기름에 살짝 단시간 내에 튀겨내고 청 · 홍고추는 잘게 썰어서 준비한다.

2. 팬에 고추기름을 넣고 다진 마늘, 생강을 볶는다.

3. 청주를 넣고 모든 재료와 소스를 넣은 뒤 30초 정도 볶아준다.

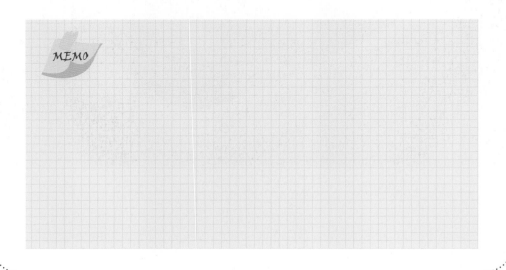

MEMO

Chinese Food

佛
바지락조개볶음

재료

〈주재료 및 부재료〉

바지락	30개
청 · 홍고추	1/2개씩

〈양념 및 소스재료〉

다진 대파	1큰술
다진 마늘	1작은술
다진 생강	약간

식용유	2큰술
청주	1큰술
간장	1작은술
굴소스	1큰술
후춧가루	약간
물	2큰술

조리방법

1. 청 · 홍고추는 씨를 빼고 어슷하게 썰어 준비한다.
2. 팬에 식용유를 넣고 대파, 생강, 마늘을 5초 정도 볶다가 청주, 간장을 넣고 해감한 바지락을 넣고 볶는다.
3. 굴소스, 후춧가루를 넣고 청 · 홍고추와 같이 20~30초 정도 더 볶아낸다.

MEMO 　조개해감방법: 찬물에 소금을 넣고 조개를 담가놓으면 입을 벌려 조개 속 개펄모래를 토해낸다. 그러면 깨끗하게 씻어서 조리한다.

Chinese Food

乾燒蝦仁

깐쇼하인

재료

〈주재료 및 부재료〉		고추기름	2큰술
작은 새우	160g	청주	1큰술
대파	20g	두반장	1큰술
계란	1개	설탕	3큰술
튀김전분	0.7컵	케첩	3큰술
〈양념 및 소스재료〉		육수(물)	150cc
마늘	2쪽	튀김식용유	3컵
생강	1/2쪽	물전분	3큰술

조리방법

1. 새우는 등쪽의 내장을 제거하고 물기를 잘 닦아 준비한다.
2. 계란과 전분을 넣고 새우와 같이 버무린다.
3. 기름은 170℃ 정도에서 튀겨준다.
4. 대파, 마늘, 생강은 잘게 썰거나 다져서 준비한다.
5. 팬에 고추기름을 넣고 썰어놓은 채소와 두반장, 케첩을 넣고 볶아준다.
6. 다시 청주를 넣고 물을 부어준 다음 설탕을 넣고 끓으면 물전분을 부어 걸쭉하게 소스를 만든다.
7. 튀김한 새우를 소스에 붓고 잘 버무린다.

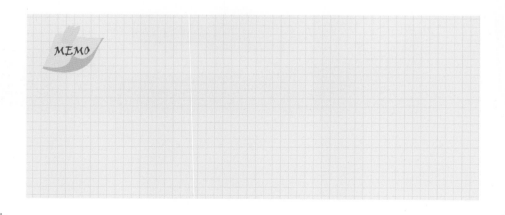

MEMO

八寶菜

팔보채

재 료

〈주재료 및 부재료〉		갑오징어살	100g	다진 마늘	1작은술
표고 · 양송이 버섯	2개씩	소라	2개	청주, 간장	1큰술씩
청경채	1뿌리	닭가슴살	50g	굴소스	1큰술
당근	50g	식용유	2컵	참기름	1작은술
죽순	1/3개	〈양념 및 소스재료〉		후춧가루	1/4작은술
불린 해삼	80g	식용유	2큰술	물	1/2컵
은행	10알	대파	10g	물전분	2큰술
중새우	4마리	다진 생강	1/2작은술		

조리방법

1. 대파는 반으로 갈라 3cm 길이로 썬다.
2. 표고버섯, 당근, 양송이버섯, 죽순은 편으로 썰고 청경채는 3cm 길이로 썬다.
3. 해삼은 넓적하게 썰고 은행은 껍질을 벗긴다.
4. 새우는 내장을 제거하고 갑오징어는 대각선으로 칼집을 넣어 4cm 크기로 썰고 소라, 닭고기도 비슷한 크기로 썬다.
5. 끓는 물에 대파와 생강, 마늘을 제외한 모든 재료를 넣고 데쳐 체에 건져둔다.
6. 팬에 식용유 2큰술을 넣고 대파, 생강, 마늘을 5초 정도 볶다가 청주와 간장을 1큰술씩 넣는다.
7. 다시 데친 재료를 넣고 10초 정도 더 볶다가 굴소스, 후춧가루를 넣고 간을 한다.
8. 물을 1/2컵 정도 붓고 살짝 끓인 다음 물녹말을 넣고 섞어 걸쭉하게 만든다.
9. 참기름을 넣고 섞어 바로 접시에 담는다.

 MEMO   팔보는 여덟 가지 좋은 보물(재료)의 의미이고 채는 요리 혹은 재료라는 뜻

鍋粑三仙

삼선누룽지탕

재료

〈주재료 및 부재료〉		오징어살	60g	청주	1큰술
누룽지	4개	청경채	1개	간장	1큰술
불린 해삼	60g	〈양념 및 소스재료〉		치킨파우더	1작은술
당근	50g	대파	1쪽	굴소스	1½큰술
죽순	50g	생강	1쪽	후춧가루	1/4작은술
표고버섯	50g	마늘	2쪽	육수	3컵
배추	50g	튀김식용유	3컵	물전분	4큰술
새우	60g	식용유	2큰술		

조리방법

1. 청경채는 4cm로 썰고 해삼, 죽순, 당근, 표고버섯, 배추는 편으로 썰어서 준비한다.
2. 오징어살은 빗살무늬로 썰고 새우는 등쪽 내장을 제거한 다음 채소와 같이 끓는 물에 데쳐서 물기를 빼둔다.
3. 팬에 식용유 2큰술을 넣고 대파, 생강, 마늘을 잘게 썰어서 볶다가 청주, 간장과 데친 재료를 넣고 10초 정도 볶아준다.
4. 육수 3컵을 넣고 굴소스, 후춧가루로 간을 한 다음 끓으면 물전분을 풀어서 걸쭉하게 소스를 만든다.
5. 식용유를 180℃로 뜨겁게 달군 다음 누룽지를 튀겨내서 그릇에 담고 먼저 만든 소스를 부어주면 완성된다.

MEMO 鍋粑누룽지 : 三仙 삼선, 즉 세 종류의 좋은 재료로 만든 누룽지탕은 맛도 좋은 음식이지만 먹기 전에 귀로 즐기는 음식이기도 함(누룽지에 소스를 부으면 바삭하는 소리가 먹음직스럽다)

乾烹中蝦

깐풍중새우

재료

〈주재료 및 부재료〉		식용유	2큰술
중새우	8마리	청주	1큰술
풋고추	1/2개	참기름	1작은술
홍고추	1/2개	〈깐풍소스〉	
대파	1/2개	간장	1큰술
마른 고추	2개	굴소스	1큰술
전분	1/2컵	식초	2큰술
계란	1개	설탕	1큰술
〈양념 및 소스재료〉		물	3큰술
다진 마늘	2큰술	후춧가루	1/4작은술
다진 생강	1작은술	참기름	1작은술
식용유	2컵		

조리방법

1. 중새우는 등쪽을 갈라 내장을 제거한 다음 전분과 계란을 넣고 잘 버무려 170℃ 기름에 튀겨낸다.
2. 마른 고추와 고추, 대파는 모두 잘게 썰어 준비한다.
3. 깐풍소스를 미리 그릇에 담아 잘 섞어놓는다.
4. 팬에 식용유 2큰술을 넣고 마른 고추를 5초 정도 먼저 볶다가 나머지 채소를 5초 정도 더 볶는다.
5. 청주를 붓고 튀긴 새우와 깐풍소스도 같이 부어서 빠르게 볶아낸다.

MEMO

溜三絲

유산슬

재료

〈주재료 및 부재료〉		참기름	1작은술
돼지고기채	50g	소금	조금
불린 해삼	80g	다진 대파	1큰술
새우	10마리	다진 생강	1/4작은술
팽이버섯	1/2개	다진 마늘	1작은술
표고버섯	4개	청주	1큰술
죽순	1/2개	간장	1큰술
감자전분	1작은술	육수	1컵
달걀 흰자	1/2개	후춧가루	1/4작은술
〈양념 및 소스재료〉		굴소스	1큰술
식용유	1컵	물녹말	2큰술
청주	2작은술	참기름	1작은술
간장	1작은술		

조리방법

1. 불린 해삼, 표고버섯과 죽순은 채썰고 끓는 물에 데쳐서 물기를 빼둔다.
2. 팽이버섯은 뿌리부분을 잘라내고, 부추는 깨끗이 씻어 5cm 길이로 썬다.
3. 새우는 내장을 빼고 채썬 고기와 같이 청주, 간장을 넣어 조물조물 밑간한 다음 전분, 달걀 흰자를 넣고 잘 버무린 다음 기름에 익혀낸다.
4. 팬에 식용유 2큰술과 대파, 생강, 마늘을 넣어 볶고 청주, 간장을 넣은 후 데친 해삼과 표고 버섯, 죽순을 볶는다.
5. 육수, 굴소스, 후춧가루를 넣어 간하고 미리 익혀놓은 고기와 새우, 팽이버섯, 부추를 넣고 10초 정도 볶는다.
6. 물전분을 풀어서 걸쭉하게 한 다음 참기름을 넣고 접시에 담는다.

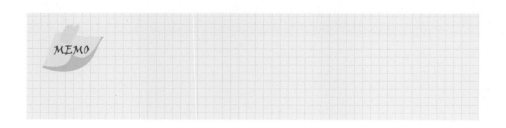

MEMO

Chinese Food

黑醋鮮魚

흑초탕수생선

재료

〈주재료 및 부재료〉		계란	1개
도미살	150g	〈양념 및 소스재료〉	
당근	4쪽	튀김식용유	3컵
오이	4쪽	흑식초	4큰술
완두콩	약간	설탕	5큰술
파인애플	1개	간장	2큰술
목이버섯	2~3쪽	물	2/3컵
전분	1/2컵	물전분	3큰술

조리방법

1. 도미살은 1cm*4cm 정도 길이로 썰어서 전분과 계란 흰자를 넣고 잘 버무려 기름에 튀겨낸다.
2. 채소는 먹기 좋은 크기로 잘라 준비한다.
3. 팬에 물, 간장, 설탕, 흑식초, 썬 채소를 같이 넣고 끓인다.
4. 끓으면 물전분을 풀고 튀김한 도미살을 넣고 같이 빠르게 버무려낸다.

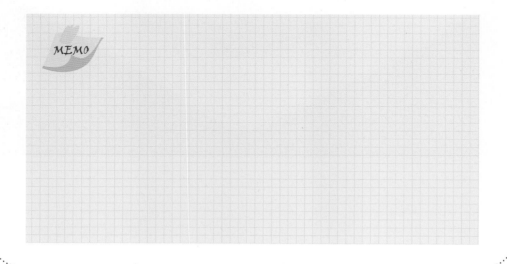

MEMO

Chinese Food

海蔘鮑魚
해삼전복

재료

〈주재료 및 부재료〉		식용유	2큰술
불린 해삼	250g	청주	1큰술
중전복	3개	간장	1큰술
청경채	1개	굴소스	1큰술
〈양념 및 소스재료〉		노두유	1/4작은술
대파	10g	후춧가루	1/4작은술
다진 생강	1/4작은술	육수	1/2컵
다진 마늘	1작은술	물전분	2큰술

조리방법

1. 해삼은 5cm*2cm로 썰고 전복은 삶아서 편으로, 청경채는 4cm로 썰어서 끓는 물에 데친다.
2. 대파, 생강, 마늘은 잘게 썰어 준비한다.
3. 팬에 식용유를 부어 대파, 생강, 마늘을 볶고 청주, 간장을 넣고 데친 재료를 볶아준다.
4. 육수와 굴소스, 후춧가루를 넣고 간을 한 다음 물전분을 풀어준다.
5. 참기름을 넣고 접시에 담는다.

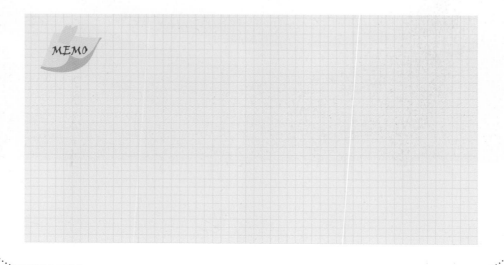

MEMO

🥄 재료

〈주재료 및 부재료〉			
불린 해삼	250g	식용유	2큰술
자연산 송이버섯	4개	청주	1큰술
청경채	1개	간장	1큰술
〈양념 및 소스재료〉		굴소스	1큰술
대파	10g	노두유	1/4작은술
다진 생강	1/4작은술	후춧가루	1/4작은술
다진 마늘	1작은술	육수	1/2컵
		물전분	2큰술

조리방법

1. 해삼은 5cm*2cm로 썰고 송이버섯은 편으로, 청경채는 4cm로 썰어서 끓는 물에 데친다.
2. 대파, 생강, 마늘은 잘게 썰어 준비한다.
3. 팬에 식용유를 부어 대파, 생강, 마늘을 볶고 청주, 간장을 넣고 데친 재료를 볶아준다.
4. 육수와 굴소스, 후춧가루를 넣고 간을 한 다음 물전분을 풀어준다.
5. 참기름을 넣고 접시에 담는다.

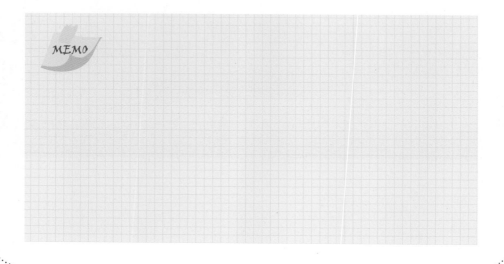

MEMO

面包蝦

면보하

재료

〈주재료 및 부재료〉		청주	1큰술
식빵	4쪽	소금	1/4작은술
새우	100g	후춧가루	약간
〈양념 및 소스재료〉		참기름	1/4작은술
다진 대파·생강	약간씩	식용유	2컵
전분	1/4작은술		

조리방법

1. 식빵의 사각표면을 잘라내고 4등분한다.
2. 새우는 내장을 제거하고 다져서 대파, 생강, 청주, 소금, 참기름, 후춧가루, 전분을 넣고 버무린다.
3. 버무린 새우는 등분한 식빵 위에 넉넉히 올리고 다시 위에 식빵을 올려서 꼭 눌러준 다음 160℃의 기름에 노릇하게 튀겨낸다.

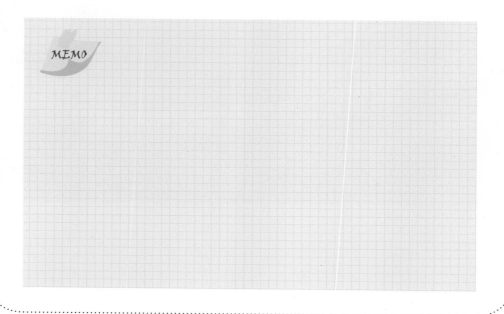

MEMO

紅燒大排翅

Chinese Food

홍소상어지느러미찜

재료

〈주재료 및 부재료〉		식용유	1큰술
냉동샥스핀(상어지느러미)	150g	숙주나물	30g
치킨파우더	1큰술	소금	1작은술
청주	2큰술	청주	1큰술
〈양념 및 소스재료〉		식용유	1큰술
대파	1/2개	치킨파우더	1작은술
생강	1/2개	굴소스	1큰술
돼지기름	2큰술	물	1컵
육수	1컵	노두유	1/4작은술
청경채	1개	물전분	2큰술
소금	1작은술	참기름	1작은술

조리방법

1. 냉동샥스핀은 치킨파우더 1큰술, 청주 2큰술, 대파 1/2개, 생강 1/2개, 돼지기름 50g, 육수 1 컵을 넣고 스팀에 1시간 동안 쪄낸다.
2. 숙주나물은 뿌리와 머리를 떼고 식용유, 소금을 넣고 볶아서 접시에 담는다.
3. 숙주 위에 쪄낸 샥스핀을 건져 올린다.
4. 청경채는 끓는 물에 소금, 식용유를 넣고 살짝 데쳐서 샥스핀 옆에 놓는다.
5. 팬에 청주 1큰술, 식용유 1큰술, 치킨파우더 1작은술, 굴소스 1큰술, 물 1컵, 노두유 1/4작은 술을 넣고 살짝 끓인다.
6. 물전분을 2큰술 정도 넣고 걸쭉하게 한 다음 참기름을 넣고 소스를 만들어서 샥스핀 위에 뿌려낸다.

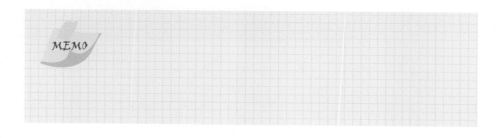

MEMO

宮保鰻魚

꿍빠우장어

재료

<주재료 및 부재료>

민물장어	1마리	고추기름	2큰술
마른 전분	1/2컵	튀김식용유	1컵
마른 고추	10개	청주	1큰술
셀러리	40g	설탕	1큰술
땅콩	20알	굴소스	1큰술
<양념 및 소스재료>		두반장	1큰술
대파	1개	후춧가루	1/4작은술
마늘편	2개	전분	1작은술
생강편	약간	노두유	1/4작은술
		육수	2큰술

조리방법

1. 마른 고추는 2cm 길이로 잘라내고 셀러리는 1cm 크기로 썰어서 준비한다.
2. 대파는 채썰어 물에 담가 매운맛을 빼준 다음 접시에 담는다.
3. 따로 대파, 마늘, 생강을 잘게 썰어 준비한다.
4. 장어는 2cm*4cm로 썰어서 물에 데친 뒤 마른 전분을 발라 기름에 튀긴 다음 셀러리와 땅콩도 같이 튀겨낸다.
5. 그릇에 육수 2큰술, 설탕 1큰술, 굴소스 1큰술, 두반장 1큰술, 후춧가루 1/4작은술, 노두유 1/4작은술, 전분 1작은술을 섞어서 준비한다.
6. 팬에 고추기름을 넣고 마른 고추를 살짝 볶고 대파, 생강, 마늘도 같이 볶는다.
7. 청주를 넣고 튀김한 장어, 셀러리, 땅콩과 소스를 같이 넣고 빠르게 섞어낸다.
8. 완성된 요리는 대파 위에 올려낸다.

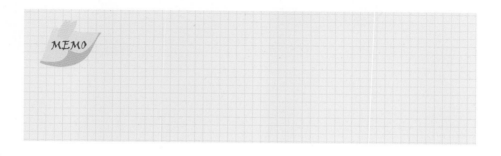

MEMO

Chinese Food

宮保蝦球

공보새우

재료

〈주재료 및 부재료〉		마늘	2개
중새우	10마리	생강	약간
계란	1개	식용유	2컵
전분	1작은술	간장, 굴소스, 설탕, 두반장	1큰술씩
땅콩	20알	후춧가루	1작은술
셀러리	1줄기	물	2큰술
마른 고추	50g	전분	1작은술
〈양념 및 소스재료〉		고추기름	2큰술
대파	1/2개	청주	1큰술

조리방법

1. 마른 고추는 씨를 빼고 길이 2cm 정도로 잘라서 준비한다.
2. 소스는 분량대로 그릇에 담아서 잘 섞어놓는다.
3. 새우는 반으로 갈라서 등쪽 내장을 빼고 계란, 전분을 넣고 버무려놓는다.
4. 셀러리도 1cm 크기로 썰고 대파, 생강, 마늘은 편으로 썰어 준비한다.
5. 팬에 기름을 2컵 정도 넣고 마른 고추와 새우를 같이 넣고 익힌다.
6. 땅콩과 셀러리도 기름에 같이 익혀낸 다음 걸러서 기름을 빼준다.
7. 팬에 고추기름 2큰술, 대파, 생강, 마늘을 5초 정도 볶다가 청주를 넣는다.
8. 익혀놓은 새우, 땅콩, 셀러리 등과 소스를 넣고 빠르게 같이 섞어낸다.

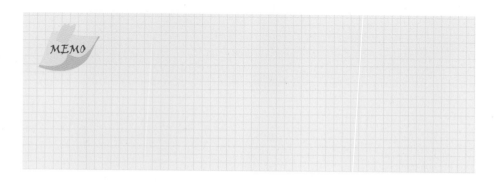

MEMO

Chinese Food

全家福

전가복

재료

〈주재료 및 부재료〉				대파	1/2개
표고버섯	2개	전복	2개	다진 생강	1작은술
양송이버섯	2개	송이버섯	2개	다진 마늘	1큰술
청경채	1뿌리	키조개살	1개	식용유	2큰술
당근	40g	아스파라거스	1개	청주	2큰술
죽순	50g	〈양념 및 소스재료〉		간장	1작은술
불린 해삼	60g	식용유	2큰술	굴소스	1작은술
깐 은행	10알	청주	2큰술	육수	2/3컵
중새우	4마리	간장	1작은술	물전분	1큰술
갑오징어살	80g	굴소스	1큰술	참기름	1작은술
소라	2개	후춧가루	1/4작은술		
닭가슴살	40g	육수	2큰술		
		물전분	2큰술		

조리방법

1. 표고버섯, 당근, 양송이버섯, 죽순은 편으로 썰고, 청경채는 4cm 길이로 썬다. 해삼은 넓적하게 썰고 은행은 껍질을 벗긴다.

2. 새우는 내장을 제거하고 갑오징어는 대각선으로 칼집을 넣어 4cm 크기로 썰고 소라, 닭고기도 비슷한 크기로 썬 다음 위의 재료와 같이 데쳐놓는다(1번 재료).

3. 전복은 삶아서 편으로 썬다. 송이와 키조개살도 편으로 썰어놓는다. 아스파라거스는 껍질을 제거하고 3~4cm 길이로 썬 다음 같이 데쳐놓는다(2번 재료).

4. 대파는 반으로 갈라 3cm 길이로 썰고 마늘은 편으로 썬다. 생강은 잘게 썬다.

5. 팬에 식용유 2큰술을 넣고 대파, 생강, 마늘을 5초 정도 볶고 청주와 간장을 1큰술씩 넣고 데친 1번 재료를 볶는다.

6. 굴소스 1큰술, 후춧가루 1/4작은술, 육수 2큰술을 넣어 간을 한 다음 물전분을 풀어서 접시에 담는다.

7. 다시 팬에 식용유 2큰술, 청주, 간장, 굴소스, 육수와 2번 재료를 같이 넣고 끓이다가 물전분을 풀어서 걸쭉하게 끓인 다음 참기름을 넣고 먼저 볶아놓은 요리 위에 뿌려준다.

魚香魚捲

어향소스생선말이

📗 재료

〈주재료 및 부재료〉		홍고추	1/2개	식초	1큰술
도미살	100g	〈양념 및 소스재료〉		후춧가루	1/4작은술
팽이버섯	1/2봉	소금, 후춧가루, 청주 약간씩		육수	2/3컵
비타민	40g	식용유	1컵	물녹말	2큰술
달걀 흰자	1개	고추기름	2큰술	다진 대파	1큰술
전분	3큰술	청주	1큰술	다진 마늘	1큰술
목이버섯	20g	간장	1큰술	다진 생강	1큰술
셀러리	20g	두반장	1작은술		
죽순	20g	설탕	1큰술		

조리방법

1. 도미살은 4cm*6cm 정도 넓게 편으로 떠서 소금, 후춧가루, 청주로 밑간을 한 다음 한쪽에 전분을 발라놓는다.
2. 팽이버섯은 밑둥을 자르고 도미살 위에 올린 다음 둘둘 말아준다.
3. 달걀 흰자와 전분을 넣고 얇게 튀김옷을 만든 다음 도미말이에 묻혀서 기름에 튀겨낸다.
4. 비타민은 소금을 약간 넣고 볶아서 접시에 담은 다음 위에 튀긴 생선말이를 올려놓는다.
5. 팬에 고추기름을 두르고 다진 대파, 다진 생강, 다진 마늘을 볶은 다음 잘게 썬 목이버섯, 죽순, 셀러리, 홍고추를 넣고 약 5초 정도 볶는다.
6. 청주, 간장, 두반장, 설탕, 식초, 후춧가루, 물을 넣고 끓인 다음 물전분을 풀어 걸쭉하게 농도를 맞춰서 어향소스를 만든다.
7. 완성된 어향소스를 생선말이 위에 뿌려준다.

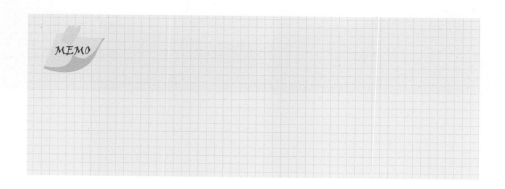

Chinese Food

芙蓉魚翅

부용샥스핀

재료

〈주재료 및 부재료〉		〈양념 및 소스재료〉		청주	1큰술
슬라이스 샥스핀	50g	대파	1/4개	소금	1작은술
게살	70g	다진 생강	1/4작은술	육수	3큰술
팽이버섯	1/5봉	다진 마늘	1작은술	설탕	1/4작은술
달걀 흰자	4개	소금	1/4작은술	물전분	1큰술
생크림	2큰술	식용유	1/4작은술		
브로콜리	100g	식용유	2컵		

조리방법

1. 샥스핀슬라이스는 데쳐놓는다.
2. 게살은 속뼈를 제거하여 잘게 뜯어놓고 팽이버섯은 뿌리를 잘라놓고 샥스핀과 같이 준비한다.
3. 브로콜리는 사방 2cm 크기로 잘라서 끓는 물에 식용유와 소금을 넣고 데쳐낸 다음 접시에 담는다.
4. 대파, 생강, 마늘은 잘게 썰어 준비한다.
5. 달걀 흰자와 생크림을 잘 섞어놓는다.
6. 팬에 식용유를 넣고 160℃로 가열한 다음 섞어놓은 달걀 흰자와 생크림을 넣고 튀겨서 건져놓고 기름기를 빼준다.
7. 팬에 식용유 1큰술을 넣고 대파, 생강, 마늘을 볶은 뒤 청주를 붓는다.
8. 육수, 샥스핀, 팽이버섯, 게살, 소금, 설탕을 넣고 5초 볶다가 물전분을 풀고 튀긴 달걀 흰자를 넣어 볶은 다음 브로콜리 옆에 담아준다.

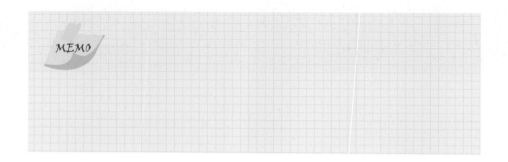

MEMO

烏龍海蔘

오룽해삼

재료

〈주재료 및 부재료〉					
불린 해삼	200g	청주	1/4작은술	간장	1큰술
새우	80g	후춧가루	1/4작은술	굴소스	1큰술
표고버섯	40g	소금	약간	후춧가루	1/4작은술
죽순	40g	전분	1컵	설탕	1/4작은술
청피망	1/2개	대파	1/3개	노두유	1/4작은술
홍피망	1/2개	다진 생강	1작은술	육수	1컵
〈양념 및 소스재료〉		다진 마늘	1작은술	물전분	2큰술
다진 대파	1/4작은술	식용유	2컵	참기름	1작은술
다진 생강	1/4작은술	고추기름	2큰술		
		청주	1큰술		

조리방법

1. 해삼은 얇게 편으로 썰고 물기를 닦은 다음 안쪽에 마른 전분을 발라놓는다.
2. 새우를 다진 다음 다진 대파 1/4작은술, 다진 생강 1/4작은술, 청주 1/4작은술, 후춧가루 1/4작은술, 소금을 약간 넣고 잘 버무려서 준비한다.
3. 다진 새우를 해삼 속에 넣고 둥글게 말아서 마른 전분을 바르고 기름에 튀겨낸다.
4. 채소는 모두 채로 썰어 준비한다.
5. 팬에 고추기름을 넣고 대파, 생강, 마늘을 먼저 볶는다.
6. 청주, 간장을 넣고 채썬 채소를 넣고 볶다가 육수를 붓는다.
7. 튀긴 해삼과 굴소스 1큰술, 후춧가루 1/4작은술, 설탕 1/4작은술, 노두유 1/4작은술을 넣고 살짝 볶아준다.
8. 물전분을 풀어서 걸쭉하게 만든 다음 참기름을 넣고 접시에 담는다.

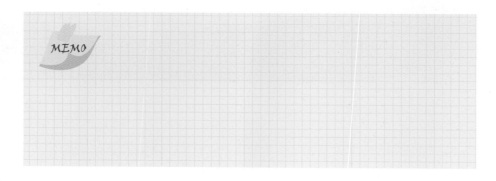

MEMO

Chinese Food

美味蝦

마요네즈새우

재료

〈주재료 및 부재료〉		생크림	1큰술
중새우	8마리	〈양념 및 소스재료〉	
양상추	1/3개	전분	1/2컵
계란	1개	식용유	2컵
마요네즈	5큰술	설탕	4큰술
레몬	1/4개	식초	1큰술

조리방법

1. 중새우는 등쪽을 갈라 내장을 제거한 다음 전분과 계란을 넣고 잘 버무려서 170℃의 기름에 튀겨낸다.

2. 양상추는 먹기 좋은 크기로 잘라 접시에 담은 다음 튀긴 새우를 올려놓는다.

3. 레몬은 즙을 짜서 팬에 마요네즈 5큰술, 생크림 1큰술, 설탕 4큰술, 식초 1큰술과 같이 잘 섞어 살짝 끓인 다음 소소를 만들어서 새우 위에 뿌려준다.

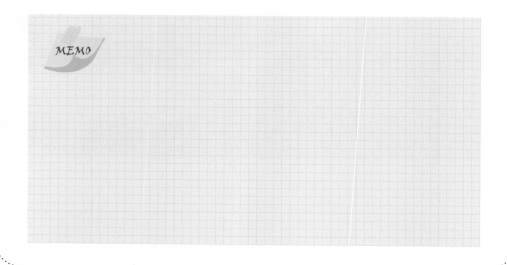

MEMO

Chinese Food

川味海蔘
천미해삼

재료

〈주재료 및 부재료〉		다진 대파	1/4작은술	청주	1큰술
비타민	50g	다진 생강	1/4작은술	간장	1큰술
불린 해삼	200g	청주	1/4작은술	두반장	1작은술
새우	80g	소금	약간	설탕	1큰술
목이버섯	20g	전분	1컵	식초	1큰술
셀러리	20g	식용유	2컵	후춧가루	1/4작은술
죽순	20g	다진 대파	1큰술	육수	2/3컵
홍고추	1/2개	다진 마늘	1큰술	물녹말	2큰술
〈양념 및 소스재료〉		다진 생강	1큰술	참기름	1작은술
소금	약간	고추기름	2큰술	후춧가루	1/4작은술

조리방법

1. 해삼은 얇게 편으로 썰고 물기를 닦은 다음 안쪽에 마른 전분을 발라놓는다.
2. 새우를 다진 다음 다진 대파 1/4작은술, 다진 생강 1/4작은술, 청주 1/4작은술, 후춧가루 1/4작은술, 소금을 약간 넣고 잘 버무려서 준비한다.
3. 다진 새우를 해삼 속에 넣고 둥글게 말아서 마른 전분을 바르고 기름에 튀겨낸다.
4. 채소는 모두 다지거나 곱게 썰어 준비한다.
5. 비타민은 소금을 넣고 살짝 볶아서 접시에 담은 다음 위에 튀긴 해삼을 올린다.
6. 팬에 고추기름을 넣고 대파, 생강, 마늘을 먼저 볶는다.
7. 청주, 간장을 넣고 곱게 썬 채소를 넣고 볶다가 두반장 1작은술, 설탕 1큰술, 식초 1큰술, 후춧가루 1/4작은술, 물 2/3컵을 넣고 끓인다.
8. 물전분을 풀어서 걸쭉하게 만든 다음 참기름을 넣고 해삼 위에 뿌려낸다.

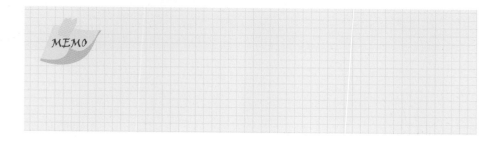

MEMO

Chinese Food

蒜香魚塊
산향생선

재료

〈주재료 및 부재료〉		마늘	10개	간장	1큰술
부추	60g	청주	1큰술	굴소스	1큰술
도미살	150g	간장	1작은술	식초	2큰술
달걀 흰자	1/2개	후춧가루	1/4작은술	설탕	1큰술
전분	1/2컵	식용유	1컵	물	3큰술
〈양념 및 소스재료〉		식용유	2큰술	후춧가루	1작은술
소금	약간	청주	1큰술	참기름	1작은술

조리방법

1. 도미살은 굵기 1cm, 사방 4cm 정도 크기로 썰어서 청주, 간장, 후추로 밑간을 하고 달걀 흰자로 버무려준다.
2. ①에 전분을 발라서 기름에 튀겨낸다.
3. 부추는 소금으로 간을 해서 살짝 볶아 접시에 담는다.
4. 마늘은 다진 다음 1큰술 정도의 양을 빼고 나머지 다진 것은 물에 씻어서 기름에 바삭하게 튀겨낸다.
5. 청주 1큰술, 간장 1큰술, 굴소스 1큰술, 식초 2큰술, 설탕 1큰술, 물 2큰술, 후춧가루 1작은술, 참기름 1작은술을 그릇에 담고 잘 섞어 준비한다.
6. 팬에 식용유를 넣고 다진 마늘 1큰술을 볶다가 위의 소스와 튀김생선을 넣고 잘 섞어준 다음 다시 튀김한 마늘을 넣고 같이 섞어낸다.

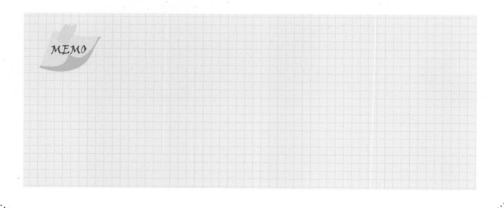

MEMO

海蔘肘子

해삼주스

재료

〈주재료 및 부재료〉		생강	1쪽	노두유	1큰술
불린 해삼	180g	마늘	1개	후춧가루	1/4작은술
청경채	1개	식용유	1컵	식용유	2큰술
삼겹살	150g	생강	1개	청주	1큰술
팔각	1개	마늘	2개	간장	1/4작은술
치킨파우더	1큰술	물	500cc	참기름	1작은술
대파	1개	청주	1큰술	물전분	2큰술
〈양념 및 소스재료〉		간장	4큰술	노두유	1/4작은술
대파	1/2개	설탕	1큰술		

조리방법

1. 삼겹살은 먼저 끓는 물에 30분 정도 삶아서 기름기를 빼준 다음 간장을 발라서 기름에 진한 갈색이 나오도록 튀겨낸다.

2. 튀긴 고기는 굵기 1.5cm, 넓이 4~5cm로 썰어 그릇에 담고 대파, 생강, 마늘, 팔각을 올려 놓는다.

3. 물 500cc, 청주 1큰술, 간장 4큰술, 설탕 1큰술, 치킨파우더 1큰술, 노두유 1큰술, 후춧가루 1/4작은술을 삼겹살 등과 같이 약 90분간 스팀에 쪄낸다.

4. 쪄낸 삼겹살은 그릇에 담아낸다.

5. 불린 해삼은 2cm*5cm 정도 길이로 썰고 청경채는 4cm로 잘라서 데친다.

6. 대파, 생강, 마늘은 편으로 썰어 준비한다.

7. 팬에 식용유 2큰술을 넣고 대파, 생강, 마늘을 먼저 볶는다.

8. 청주와 간장을 넣고 데친 해삼과 청경채를 넣는다.

9. 삼겹살 쪄낸 육수를 1.5컵 정도 넣고 살짝 졸인 다음 간에 따라 굴소스와 노두유를 약간 첨가한다.

10. 물전분을 풀어서 걸쭉하게 한 다음 참기름을 넣고 삼겹살 위에 올려준다.

蠔油靑菜

호유청채

재료

〈주재료 및 부재료〉		간장	1큰술
청경채	4개	굴소스	1큰술
표고버섯	10개	물	2/3컵
〈양념 및 소스재료〉		전분	2/3큰술
청주	1큰술	참기름	1작은술

조리방법

1. 청경채는 끓는 물에 식용유, 소금을 조금 넣고 데친 다음 접시에 담는다.
2. 팬에 청주, 간장, 굴소스, 물을 넣고 끓여낸 다음 물전분을 풀어서 걸쭉하게 소스를 만든다.
3. 소스를 청경채 위에 뿌려준다.

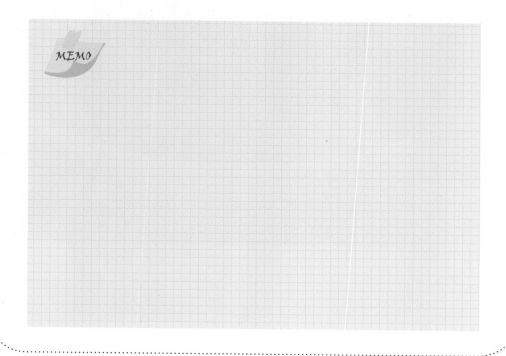

MEMO

炒靑菜

초청채

재료

〈주재료 및 부재료〉		다진 생강	약간
청경채	5뿌리	식용유	2큰술
죽순	1개	청주	1큰술
표고버섯	3개	간장	1작은술
홍고추	1개	굴소스	1큰술
〈양념 및 소스재료〉		물	1큰술
다진 마늘	1작은술	참기름	1/2작은술
다진 대파	1큰술		

조리방법

1. 청경채는 3~4cm 길이로 썰고 표고버섯과 죽순은 편으로 썬 다음 끓는 물에 살짝 데쳐 물기를 빼놓는다.
2. 홍고추는 씨를 제거한 다음 어슷썰기해서 준비한다.
3. 펜에 식용유를 2큰술 넣고 대파, 마늘을 5초 정도 볶다가 청주, 간장을 붓고 데친 채소와 홍고추를 넣고 살짝 볶아준다.
4. 굴소스를 넣고 10초 정도 더 볶아내고 참기름을 넣어준다.

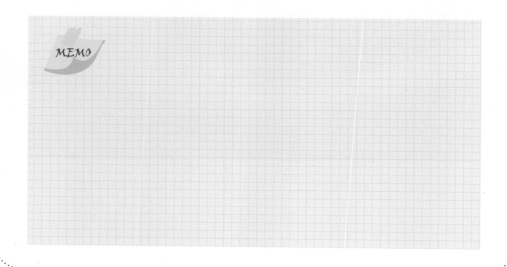

MEMO

蒜香燒釀茄子

마늘소스쇼양가지

🥄 재료

〈주재료 및 부재료〉		튀김식용유	2컵
가지	1/2개	식용유	2큰술
새우	100g	청주	1큰술
전분	1큰술	간장	1큰술
〈양념 및 소스재료〉		노두유	1/4작은술
다진 대파	1큰술	육수	150cc
다진 생강	약간	후춧가루	1/4작은술
청주	1작은술	물전분	2큰술
소금	1/4작은술	참기름	1작은술
다진 마늘	1큰술		

조리방법

1. 가지는 사선으로 얇게 편으로 썬 다음 전분을 살짝 바른다.
2. 새우는 내장을 제거하고 다져놓는다.
3. 다진 새우에 다진 대파, 생강, 소금, 청주, 전분을 1작은술씩 넣고 버무린 다음 가지와 가지 사이에 넣고 눌러준다.
4. 기름 170℃의 온도에 튀겨서 접시에 담는다.
5. 팬에 식용유를 넣고 다진 마늘을 살짝 볶다가 청주, 간장을 넣고 육수를 붓는다.
6. 굴소스, 노두유, 후춧가루를 넣고 간을 한 다음 물전분을 풀어 걸쭉하게 한다.
7. 참기름을 넣고 튀긴 가지 위에 뿌려준다.
8. 다진 마늘을 튀겨서 위에 뿌려준다.

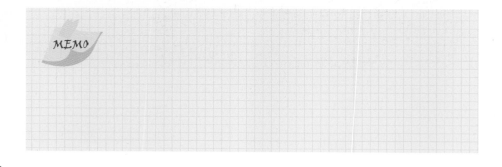

MEMO

清蒸蝦茸豆腐

쇼양새우두부찜

재료

〈주재료 및 부재료〉		청주	1큰술
두부	1/2모	간장	1작은술
새우	100g	치킨파우더	1큰술
〈양념 및 소스재료〉		육수	2/3컵
다진 대파, 다진 생강	1/4작은술씩	물전분	2큰술
청주	1큰술	참기름	1작은술
치킨파우더	1/4작은술		

조리방법

1. 새우는 등쪽 내장을 제거하고 다져서 다진 대파, 생강, 청주, 치킨파우더를 넣고 잘 섞어준다.
2. 두부는 살짝 데친 다음 물기를 빼서 4cm*4cm로 썰고 위아래로 홈을 약간 파준다.
3. 두부 위에 다진 새우를 올려서 스팀에 15분간 쪄준 다음 접시에 담는다.
4. 팬에 청주 1큰술, 간장 1작은술, 치킨파우더 1큰술, 육수 2/3컵을 넣고 끓인다.
5. 물전분을 풀어서 걸쭉하게 만든 다음 참기름을 넣고 두부 위에 뿌려준다.

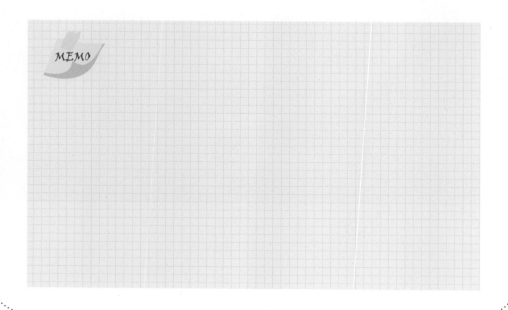

MEMO

Chinese Food

蟹肉豆腐

게살두부

재료

〈주재료 및 부재료〉		치킨파우더	1작은술
두부	1/2모	소금	1/4작은술
게살	70g	달걀 흰자	1개
〈양념 및 소스재료〉		육수	1컵
식용유	1큰술	물전분	2큰술
청주	1큰술	참기름	1작은술

조리방법

1. 두부는 네모꼴로 썰어서 스팀에 쪄낸 다음 그릇에 담는다.
2. 팬에 식용유를 넣고 청주, 육수를 부은 다음 게살을 넣어준다.
3. 치킨파우더, 소금을 넣고 간을 한 다음 끓여서 물전분을 풀어 약간 걸쭉하게 한다.
4. 다시 달걀 흰자를 넣어 골고루 풀고 참기름을 넣어 소스를 만든다.
5. 완성된 소스를 두부 위에 올려준다.

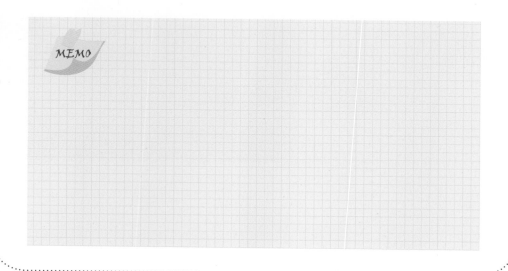

MEMO

奶油靑菜
청경채크림소스

재료

〈주재료 및 부재료〉		식용유	1큰술
청경채	8개	청주	1큰술
은행	10알	소금	1작은술
생크림	1/2컵	설탕	1작은술
〈양념 및 소스재료〉		육수	1/2컵
식용유	1작은술	물전분	1큰술
소금	1작은술		

조리방법

1. 은행은 삶아서 껍질을 까준다.
2. 껍질 제거한 은행과 청경채는 끓는 물에 식용유, 소금을 넣고 살짝 데쳐서 접시에 담는다.
3. 팬에 식용유를 넣고 청주, 육수, 생크림, 소금, 설탕을 넣고 살짝 끓인다.
4. 끓으면 불을 줄이고 물전분을 넣고 잘 저어준 다음 걸쭉하게 소스를 만들어서 청경채 위에 뿌려준다.

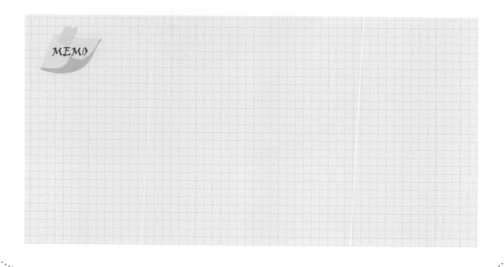

MEMO

魚香茄子

어향가지볶음

재료

〈주재료 및 부재료〉		두반장	1작은술
가지	1개	청주	1큰술
다진 돼지고기	50g	식초	1큰술
홍고추	1개	설탕	1큰술
셀러리	30g	간장	1작은술
〈양념 및 소스재료〉		굴소스	1큰술
다진 대파	1큰술	후춧가루	1/4작은술
다진 마늘	1작은술	육수	1컵
다진 생강	1작은술	물전분	1큰술
고추기름	2큰술	식용유	1컵

조리방법

1. 가지는 길이 5cm로 잘라서 4등분한 다음 기름에 살짝 튀겨낸다.
2. 홍고추와 셀러리는 잘게 썰어놓는다.
3. 팬에 고추기름을 넣고 다진 돼지고기, 대파, 마늘, 생강을 볶다가 홍고추와 셀러리도 같이 볶아준다.
4. 두반장, 청주, 간장을 넣고 5초 정도 더 볶아준다.
5. 육수를 붓고 설탕, 굴소스, 후춧가루, 식초로 간을 한다.
6. 튀긴 가지를 넣고 2분 정도 조림을 한 다음 물전분을 풀어 완성한다.

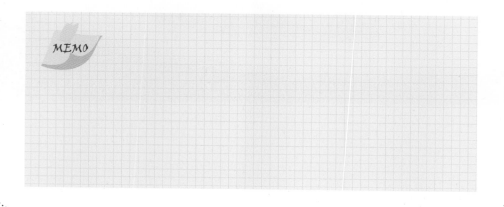

MEMO

糖醋冬菇

탕수동고

재료

〈주재료 및 부재료〉		〈양념 및 소스재료〉	
표고버섯	100g	전분	1컵
양파	1/5개	간장	1큰술
완두콩	15g	설탕	4큰술
당근	50g	식초	3큰술
오이	50g	물	1컵
파인애플	1쪽	물전분	4큰술
목이버섯	30g	식용유	4컵
달걀	1개		

조리방법

1. 표고버섯은 밑동을 자르고 1~2cm 굵기로 썰어서 달걀과 전분을 넣고 튀김옷을 입혀놓는다.

2. 당근, 오이, 대파, 생강은 편으로 썰고, 파인애플, 양파는 3~4cm 정도 삼각형으로 썬다. 목이버섯은 물에 담가 불려서 밑동을 잘라낸 뒤에 썬다.

3. 튀김옷을 입힌 표고버섯을 170℃의 기름에 하나씩 넣고 약 30초 정도 튀기다가 건져낸다.

4. 건져낸 버섯을 국자나 주걱으로 툭툭 쳐서 소의 수분을 빼낸 다음 다시 4분 정도 더 튀겨낸다.

5. 팬에 채소를 넣고 물 한 컵을 부어 간장, 설탕, 식초를 넣고 끓인다.

6. 끓으면 물전분을 붓고 걸쭉하게 한 다음 튀긴 버섯을 넣고 빠르게 섞어낸다.

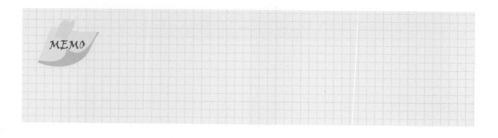

MEMO

髮菜三菇

발채삼고

📗 재료

〈주재료 및 부재료〉		식용유	2큰술
불린 발채	10g	청주	2큰술
표고버섯	70g	간장	1큰술
송이버섯	70g	굴소스	2큰술
초고버섯	70g	물전분	2큰술
〈양념 및 소스재료〉		노두유	1/4작은술
대파	1/3개	육수	1/2컵
생강	1쪽	참기름	1작은술
마늘	1개	간장	1작은술

조리방법

1. 표고 · 송이 · 초고버섯을 모두 편으로 썬 다음 끓는 물에 데쳐놓는다. 대파, 생강, 마늘도 편으로 썬다.
2. 발채는 물에 불려 이물질을 제거하고 잘 씻어놓는다.
3. 팬에 식용유를 넣고 대파, 생강, 마늘을 먼저 볶는다.
4. 청주, 간장을 넣고 데친 버섯을 넣어 볶는다.
5. 굴소스를 넣고 양념한 다음 바로 물전분을 풀어서 접시에 담는다.
6. 다시 팬에 청주 1큰술, 간장 1작은술, 굴소스 1큰술, 노두유 1/4작은술, 육수 1/2컵을 넣고 발채와 같이 끓여준다.
7. 물전분을 풀고 참기름을 넣은 다음 버섯 위에 올려준다.

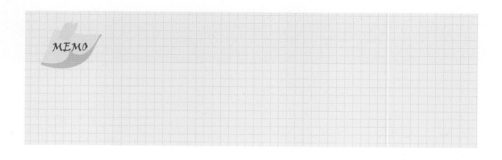

MEMO

蟹肉燕窩羹

게살제비집수프

재료

〈주재료 및 부재료〉		〈양념 및 소스재료〉	
불린 제비집	2개 정도	육수	250cc
게살	50g	물전분	2큰술
팽이버섯	1/4봉	청주	1큰술
계란 흰자	1개	소금	1/4작은술
		치킨파우더	1¼작은술
		참기름	1/4작은술

조리방법

1. 제비집은 물에 담가 스팀에 한 시간 정도 찐 다음 이물질을 제거한다.
2. 게살은 속뼈를 제거하고 팽이버섯은 뿌리를 잘라낸다.
3. 팬에 청주, 육수, 소금, 치킨파우더를 넣고 게살과 팽이버섯을 넣고 끓인다.
4. 수프가 끓으면 물전분을 풀어주고 다시 계란 흰자를 골고루 섞어서 풀어낸다.
5. 참기름을 넣고 그릇에 담아내고 위에 제비집을 올려낸다.

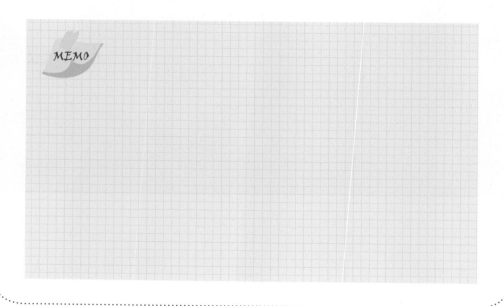

MEMO

Chinese Food

清湯魚翅

맑은 샥스핀수프

재료

⟨주재료 및 부재료⟩		돼지기름	2큰술
냉동샥스핀	150g	육수	1컵
청경채	1개	대파	약간
표고버섯	1개	생강	약간
⟨양념 및 소스재료⟩		소흥주	1큰술
치킨파우더	1큰술	육수	1컵
청주	2큰술	소금	1작은술
대파	1/2개	후춧가루	1/4작은술
생강	1쪽	치킨파우더	1작은술

조리방법

1. 냉동샥스핀 150g, 치킨파우더 1큰술, 청주 2큰술, 대파 1/2개, 생강 1/2개, 돼지기름 2큰술, 육수 1컵을 넣고 스팀에 1시간 정도 쪄낸다.
2. 다시 그릇에 쪄낸 샥스핀을 건져서 넣고, 표고버섯을 넣는다.
3. 팬에 소흥주 1큰술, 치킨파우더 1작은술, 육수 1컵, 소금 1작은술, 후춧가루 1/4작은술을 넣고 간을 한 다음 그릇에 부어준다.
4. 스팀에 20분 정도 쪄낸 다음 청경채를 데쳐서 같이 넣어준다.

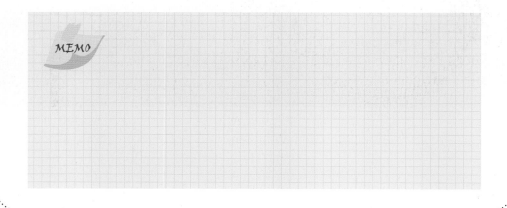

MEMO

南瓜蟹肉羹

단호박게살수프

재 료

〈주재료 및 부재료〉		치킨파우더	1/4작은술
단호박	1/4개	소금	1/4작은술
게살	50g	물전분	2큰술
〈양념 및 소스재료〉		계란 흰자	1개
육수	1컵	참기름	1/4작은술
청주	1큰술		

조리방법

1. 단호박은 껍질을 제거하고 스팀에 20분 정도 찐 뒤 갈아서 준비한다.

2. 팬에 청주, 단호박, 육수, 게살을 넣고 끓인 다음 치킨파우더 1/4작은술, 소금 1/4작은술을 넣고 간을 한다.

3. 다시 물전분을 풀어 걸쭉하게 하고 달걀 흰자도 골고루 풀어 넣는다.

4. 참기름을 넣으면 완성

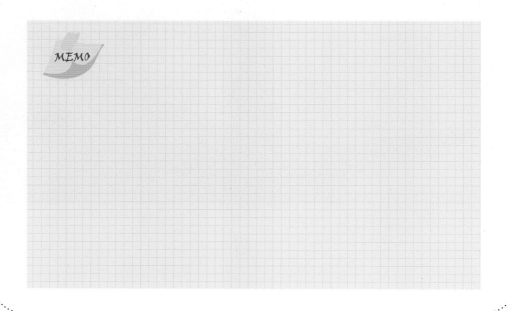

Chinese Food

川丸湯

새우완자탕

재 료

〈주재료 및 부재료〉		전분	2큰술
중새우	100g	〈양념 및 소스재료〉	
죽순	50g	청주	1큰술
표고버섯	2개	소금	1작은술
청경채	1개	치킨파우더	1작은술
대파	1/2개	참기름	1작은술
달걀	1개	육수	3컵

조리방법

1. 새우는 내장을 제거하고 다져서 소금, 달걀 흰자와 전분을 넣고 약 1분 이상 잘 치댄 다음 직경 1.5cm의 완자를 만든 다음 끓는 물에 삶아낸다.

2. 표고버섯, 죽순, 청경채는 길이 3cm 정도 편으로 썰고 대파는 어슷하게 썬다.

3. 팬에 청주를 넣고 육수, 소금, 치킨파우더로 양념한 후 채소와 삶아낸 완자도 같이 넣고 살짝 끓인다.

4. 끓으면 참기름을 넣고 그릇에 담아준다.

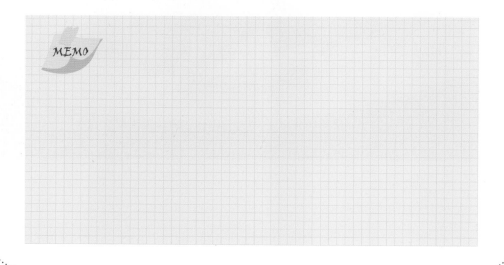

MEMO

黑椒牛柳

흑후추쇠안심볶음

재료

〈주재료 및 부재료〉		식용유	2컵
쇠안심	200g	청주	1큰술
계란	1/2개	간장	1큰술
전분	1작은술	굴소스	1큰술
양상추	1/2개	흑후추	1/2큰술
〈양념 및 소스재료〉		설탕	1/2작은술
대파	1/2개	물	3큰술
마늘	2개	전분	1작은술
생강	약간		

조리방법

1. 쇠안심은 굵게 편으로 썬 다음 간장, 청주, 후춧가루, 계란, 전분을 넣고 잘 버무려 기름에 익혀낸다.
2. 양상추는 먹기 좋은 크기로 잘라 접시에 담는다.
3. 그릇에 후춧가루, 간장, 굴소스, 설탕, 물, 전분을 넣고 잘 섞어서 준비한다.
4. 팬에 식용유 2큰술을 넣고 대파, 마늘, 생강을 잘게 썰어넣고 5초 정도 볶아준다.
5. 청주를 넣고 익힌 쇠안심과 소스를 넣고 같이 볶아서 양상추 위에 담아낸다.

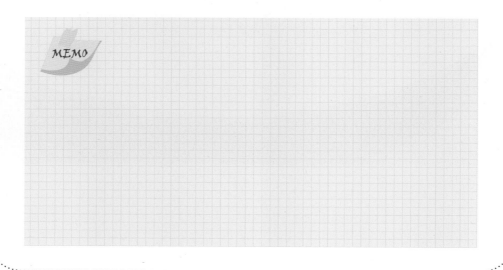

MEMO

蒜茸牛肉
마늘소스쇠고기

재료

〈주재료 및 부재료〉		식용유	1/2컵
양파	1/2개	식용유	1큰술
쇠방심	180g	청주	1큰술
〈양념 및 소스재료〉		간장	1큰술
식용유	1큰술	굴소스	1큰술
소금	1/4작은술	설탕	1큰술
다진 마늘	3큰술	식초	1큰술
전분	1작은술	육수	2큰술
계란 흰자	1/2개	후춧가루	1/4작은술

조리방법

1. 양파는 채썰어 소금을 넣고 기름에 볶아서 접시에 담아낸다.
2. 쇠고기를 얇게 편으로 썰고 계란 흰자, 전분을 넣고 버무려서 기름에 익혀낸다.
3. 다진 마늘 2큰술을 섞어서 기름에 튀겨 바삭하게 만든다.
4. 그릇에 간장 1큰술, 굴소스 1큰술, 설탕 1큰술, 식초 1큰술, 육수 2큰술, 후춧가루 1/4작은술을 넣고 소스를 준비한다.
5. 팬에 식용유 2큰술을 넣고 다진 마늘 1큰술을 살짝 볶다가 익혀놓은 쇠고기와 소스를 부어서 볶아준다.
6. 볶아낸 후 양파 위에 올려내고 다시 위에 튀겨낸 마늘을 뿌려준다.

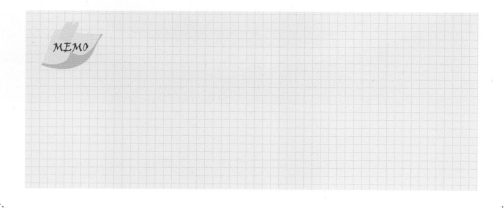

MEMO

Chinese Food

回鍋肉

회과육

재료

〈주재료 및 부재료〉		마른 고추	3~4개
삼겹살	200g	고추기름	2큰술
양상추	1/4개	청주	1큰술
홍고추	1개	두반장	1작은술
청양청고추	1개	굴소스	1작은술
〈양념 및 소스재료〉		간장	1작은술
대파	1/2개	후춧가루	1/4작은술
마늘	3개	해선장	1큰술
생강	1쪽	육수	1큰술

조리방법

1. 삼겹살은 편으로 썰어 끓는 물에 삶아내거나 먼저 삶아서 편으로 썰어도 된다.
2. 양상추는 4~5cm 크기로 자르고 고추는 씨를 제거하고 대파 등과 같이 길이 4cm로 썰고 마늘, 생강은 얇게 썰어 준비한다.
3. 삶아낸 고기는 다시 바삭하게 튀겨낸 다음 기름기를 빼둔다.
4. 팬에 고추기름을 넣고 대파, 생강, 마늘을 넣고 볶아 청주, 간장을 붓는다.
5. 채소, 고기, 두반장, 간장, 후춧가루, 굴소스, 해선장, 육수를 넣고 10초 정도 더 볶는다.
6. 물전분을 살짝 풀어주거나 물기가 없으면 바로 접시에 담아낸다.

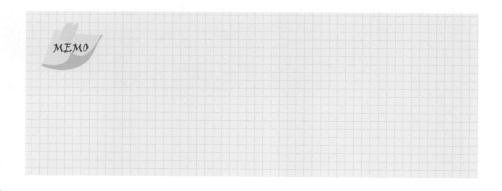

MEMO

松茸牛肉

송이쇠고기볶음

재료

〈주재료 및 부재료〉		마늘	1개
쇠등심	150g	생강	1쪽
달걀 흰자	1/3개	식용유	1컵
전분	1/4작은술	청주	1큰술
송이버섯	150g	간장	1큰술
청경채	1개	굴소스	1큰술
〈양념 및 소스재료〉		후춧가루	1/4작은술
청주	1/4작은술	노두유	1/4작은술
간장	1/4작은술	육수	3큰술
후춧가루	1/4작은술	물전분	1큰술
대파	1/4개	참기름	1작은술

조리방법

1. 쇠고기는 편으로 썰어서 청주, 간장, 후춧가루로 밑간을 하고 전분, 달걀 흰자로 얇게 옷을 입힌 다음 기름에 익혀놓는다.
2. 송이버섯은 편으로 썰고 청경채는 길이 4cm로 썰어서 데쳐놓는다.
3. 대파, 생강, 마늘은 편으로 썰어 준비한다.
4. 팬에 식용유 2큰술을 넣고 대파, 생강, 마늘을 볶아준다.
5. 청주, 간장을 넣고 데친 재료와 굴소스 1큰술, 후춧가루 1/4작은술, 노두유 1/4작은술, 육수 3큰술을 넣고 같이 볶는다.
6. 물전분을 풀어 걸쭉하게 한 다음 참기름을 부어주면 완성된다.

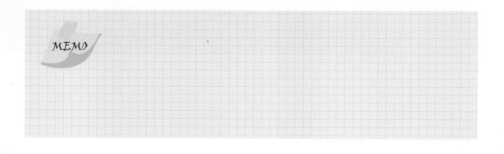

MEMO

Chinese Food

麻辣牛肉

마라우육

재료

〈주재료 및 부재료〉		〈양념 및 소스재료〉		두반장	1작은술
쇠등심	150g	대파	1/3쪽	청주	1큰술
캐슈넛	15알	생강	1쪽	간장	1작은술
청피망	1/2개	마늘	1개	굴소스	1큰술
홍피망	1/2개	마른 고추	30g	설탕	1/4작은술
셀러리	1/3개	달걀 흰자	1/2개	후춧가루	1/4작은술
양파	1/4개	전분	1작은술	육수	3큰술
		식용유	1컵	물전분	1큰술
		고추기름	3큰술		

조리방법

1. 쇠등심은 1.5cm*5cm 정도 크기로 썰어서 간장, 후춧가루, 청주로 살짝 밑간한 다음 전분과 달걀 흰자를 넣고 버무려놓는다.
2. 청피망, 홍피망, 양파는 4~5cm 길게 썰고 셀러리도 길게 편으로 썰고 마른 고추는 크면 길이 2~3cm로 잘라놓는다.
3. 마늘, 생강, 대파는 잘게 편으로 썰어 준비한다.
4. 팬에 식용유를 넣고 150℃에 쇠고기를 익힌다.
5. 대파, 마늘, 생강을 제외한 캐슈넛과 나머지 채소로 기름에 빠르게 튀겨놓는다.
6. 팬에 고추기름을 넣고 대파, 마늘, 생강을 넣고 볶다가 청주, 간장을 붓는다.
7. 두반장 1작은술, 굴소스 1큰술, 설탕 1/4작은술, 후춧가루 1/4작은술, 육수 3큰술을 넣고 익혀놓은 모든 재료도 같이 넣고 살짝 볶는다.
8. 물전분을 풀어서 걸쭉하게 한 다음 다시 고추기름을 약간 넣고 접시에 담는다.

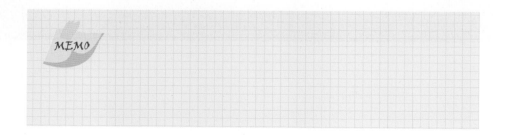

MEMO

Chinese Food

蘭花牛肉

난화우육

📋 재 료

〈주재료 및 부재료〉		생강	1쪽	노두유	1/4작은술
쇠방심	150g	마늘	1개	후춧가루	1/4작은술
브로콜리	100g	달걀 흰자	1/2개	육수	3큰술
죽순	50g	전분	1작은술	육수	3큰술
표고버섯	2개	식용유	1컵	물전분	1큰술
당근	50g	청주	1큰술	참기름	1작은술
〈양념 및 소스재료〉		간장	1작은술	식용유	2큰술
대파	1/3쪽	굴소스	1큰술		

조리방법

1. 쇠등심은 1.5cm*5cm 정도 크기로 썰어서 간장, 후춧가루, 청주로 살짝 밑간한 다음 전분과 달걀 흰자를 넣고 버무려놓는다.

2. 청피망, 홍피망, 양파는 4~5cm로 길게 썰고 셀러리도 길게 편으로 썰고 마른 고추는 크면 길이 2~3cm로 잘라놓는다.

3. 브로콜리는 사방 2cm 정도 크기로 자르고 당근, 표고버섯은 편으로 썬 다음 데쳐놓는다.

4. 팬에 식용유를 넣고 150℃에 쇠고기를 익힌다.

5. 팬에 식용유를 넣고 대파, 마늘, 생강을 넣고 볶다가 청주, 간장을 붓는다.

6. 데친 채소를 넣고 굴소스, 노두유, 후춧가루, 육수를 붓는다.

7. 익힌 고기를 넣고 물전분을 풀어서 걸쭉하게 한 다음 다시 참기름을 약간 넣고 접시에 담는다.

MEMO

古老肉
광동식 탕수육

재료

〈주재료 및 부재료〉		〈양념 및 소스재료〉	
돼지방심	180g	청주 · 간장	1작은술씩
양파	1/5개	케첩	4큰술
파인애플	1쪽	설탕	4큰술
청피망	1/3개	식초	1큰술
홍피망	1/3개	물	1컵
달걀 흰자	1개	물전분	3큰술
전분	1컵	식용유	4컵

조리방법

1. 고기는 힘줄을 제거하고 2cm*2cm 정도로 썰어 청주, 간장을 조금 넣고 초벌양념을 한 다음 달걀 흰자와 전분을 넣고 버무린 후 다시 마른 전분을 묻혀준다.
2. 양파, 파인애플, 청 · 홍피망은 3cm 크기로 잘라준다.
3. 튀김옷을 입힌 고기는 175℃ 온도의 기름에 하나씩 넣고 약 30초 정도 튀기다가 건져낸다.
4. 건져낸 고기를 국자나 주걱으로 툭툭 쳐서 붙어 있는 고기를 떼어낸 다음 다시 4분 정도 더 튀겨낸다.
5. 팬에 케첩 4큰술, 설탕 4큰술, 식초 1큰술, 물 1컵을 넣고 채소와 함께 살짝 끓인다.
6. 끓으면 물전분을 붓고 걸쭉하게 한 다음 튀김 고기를 넣고 잘 섞어낸다.

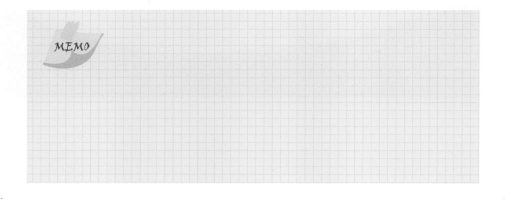

MEMO

鍋巴肉

꿔바로우

재료

〈주재료 및 부재료〉		간장	1큰술
돼지등심	180g	설탕	4큰술
달걀 흰자	1개	식초	3큰술
전분	1컵	물	1컵
〈양념 및 소스재료〉		물전분	4큰술
대파	1/3쪽	식용유	4컵
생강	1쪽	전분	1컵
청주 · 간장	1작은술씩		

조리방법

1. 고기는 0.5cm 두께에 사방 5cm 정도 넓이로 썰어 청주, 간장을 조금 넣고 초벌양념을 한 다음 달걀 흰자와 전분을 넣고 버무려서 옷을 입힌다.

2. 대파, 생강은 채로 썬다.

3. 튀김옷을 입힌 고기는 175℃의 기름에 하나씩 넣고 약 30초 정도 튀기다가 건져낸다.

4. 건져낸 고기를 국자나 주걱으로 툭툭 쳐서 붙어 있는 고기를 떼어낸 다음 다시 4분 정도 더 튀겨낸다.

5. 팬에 대파, 생강을 살짝 볶다가 간장 1큰술, 설탕 4큰술, 식초 3큰술, 물 1컵을 넣고 살짝 끓인다.

6. ④의 튀겨낸 고기에 ⑤의 소스를 골고루 뿌려낸다.

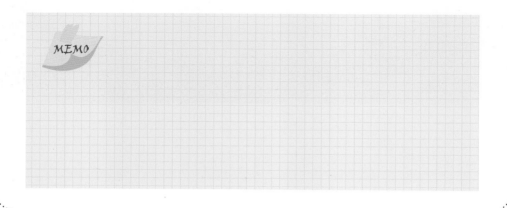

MEMO

腰果鷄丁

요과기정

재료

〈주재료 및 부재료〉			
닭다리살	160g	생강	약간
계란	1개	식용유	1컵
전분	1큰술	식용유	2큰술
캐슈넛	20알	청주	1큰술
셀러리	1/2쪽	간장	1큰술
죽순	60g	굴소스	1큰술
표고버섯	2개	후춧가루	1/4작은술
〈양념 및 소스재료〉		육수	3큰술
대파	1/2개	물전분	1큰술
마늘	2개	참기름	1작은술

조리방법

1. 셀러리, 죽순, 표고버섯은 1.5cm 크기로 썰고 대파, 생강, 마늘도 편으로 썰어 준비한다.
2. 닭다리살은 사방 1.5cm 크기로 썰어서 청주, 간장을 약간씩 넣고 버무린다.
3. 계란, 전분을 넣고 잘 버무려서 기름에 넣어 익히고 캐슈넛과 셀러리도 같이 기름에 튀겨 낸다.
4. 팬에 식용유 2큰술을 넣고 대파, 생강, 마늘을 5초 정도 볶다가 청주와 간장을 넣는다.
5. 죽순, 표고버섯과 익혀놓은 닭다리살, 캐슈넛, 셀러리, 육수, 굴소스, 후춧가루를 넣고 볶는다.
6. 물전분을 풀어서 걸쭉하게 한 다음 참기름으로 마무리한다.

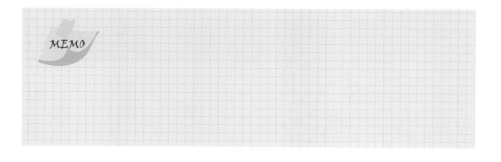

MEMO

油淋鷄
유림기

재료

〈주재료 및 부재료〉		튀김기름	3컵
닭다리살	2쪽	대파	1/2쪽
전분	1/2컵	홍고추	1/2개
계란	1개	청고추	1/2개
양상추	1/2개	물	3큰술
〈양념 및 소스재료〉		간장	2큰술
청주	1작은술	설탕	1큰술
소금	1/10작은술	식초	2큰술
후춧가루	1/10작은술	참기름	1작은술

조리방법

1. 닭다리살은 얇게 편으로 칼질하고 청주, 소금, 후춧가루를 넣고 밑간한 다음 계란, 전분을 넣고 튀김옷을 입힌다.
2. 식용유 온도가 170℃가 되면 닭다리살을 넣고 3분 정도 바삭하게 튀겨낸다.
3. 양상추는 먹기 좋은 크기로 뜯거나 잘라서 접시에 담는다.
4. 튀겨낸 닭고기를 1.5cm 굵기로 길게 썰어서 양상추 위에 올려준다.
5. 대파, 청·홍고추를 잘게 썬 다음 물, 간장, 설탕, 식초, 참기름을 넣고 소스를 만들어서 닭고기 위에 뿌려준다.

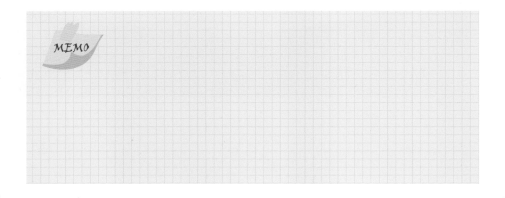

MEMO

紅扒肥鴨

홍소오리찜

🎋 재료

〈주재료 및 부재료〉		설탕	1/4작은술
오리가슴살	300g	소금	1작은술
대파	1개	식용유	1작은술
팔각	1개	청주	1큰술
양상추	1/2개	굴소스	1큰술
〈양념 및 소스재료〉		물전분	1큰술
생강	1개	육수	1컵
식용유	1컵	참기름	약간
물	2컵	식용유	1큰술
간장	2큰술	간장	1큰술
굴소스	2큰술	노두유	1/4작은술
노두유	1/4작은술		

조리방법

1. 오리가슴살은 노두유를 바른 다음 기름에 튀겨서 황금색을 낸다.

2. 그릇에 튀긴 오리살과 물 2컵, 간장 2큰술, 굴소스 2큰술, 노두유 1/4작은술, 설탕 1/4작은술, 대파 1개, 생강 1개, 팔각 1개를 넣고 스팀에 1시간 쪄낸다.

3. 양상추는 끓는 물에 소금과 식용유를 넣고 살짝 데쳐서 접시에 담는다.

4. 양상추 위에 쪄낸 오리살을 썰어서 올린다.

5. 팬에 식용유 1큰술, 청주 1큰술, 간장 1큰술, 굴소스 1큰술, 노두유 1/4작은술, 육수 1컵을 넣고 끓인 다음 물전분을 풀어서 걸쭉하게 한다.

6. 참기름을 넣고 소스를 만든 다음 쪄낸 오리살 위에 뿌려준다.

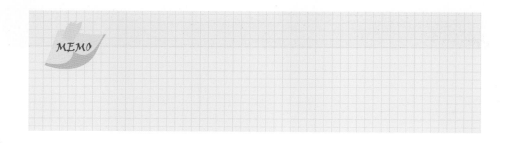

MEMO

檸檬鷄

레몬기

재 료

〈주재료 및 부재료〉		후춧가루	1/10작은술
닭다리살	2쪽	식용유	3컵
전분	1/2컵	물	2/3컵
계란	1개	설탕	4큰술
양상추	1/2개	소금	1작은술
레몬	1/2개	레몬시럽	1큰술
〈양념 및 소스재료〉		식초	1큰술
청주	1작은술	물전분	3큰술
소금	1/10작은술		

조리방법

1. 닭다리살은 얇게 편으로 칼질하고 청주, 소금, 후춧가루를 넣고 밑간한 다음 계란, 전분을 넣고 튀김옷을 입힌다.
2. 식용유 170℃의 온도에 닭다리살을 넣고 3분 정도 바삭하게 튀겨낸다.
3. 양상추는 먹기 좋은 크기로 뜯거나 잘라서 접시에 담는다.
4. 팬에 물 2/3컵, 설탕 4큰술, 소금 1작은술, 레몬시럽 1큰술, 식초 1큰술과 레몬을 잘게 썰어 같이 끓인다.
5. 레몬시럽이 끓으면 물전분을 풀어서 걸쭉하게 한 다음 닭고기 위에 뿌려준다.

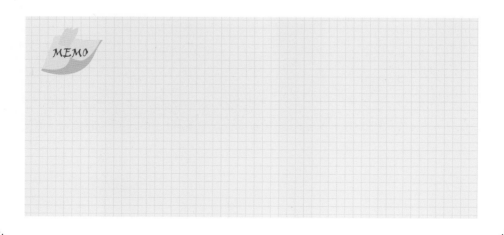

MEMO

Chinese Food

銀耳蓮子湯
은이연자탕

재료

〈주재료 및 부재료〉		〈양념 및 소스재료〉	
연씨	10알	꿀	3큰술
흰 목이버섯	5g	설탕	1큰술
대추	2개	물	1컵

조리방법

1. 연씨앗은 미리 물에 하루 정도 담가 불린 다음 스팀에 2시간 정도 찐다.

2. 흰 목이버섯은 물에 담가 불려서 밑동을 제거한 다음 2~3cm로 잘라낸다.

3. 그릇에 물, 흰 목이버섯, 연꽃씨앗, 꿀, 물을 넣고 스팀에 3시간 정도 쪄낸다.

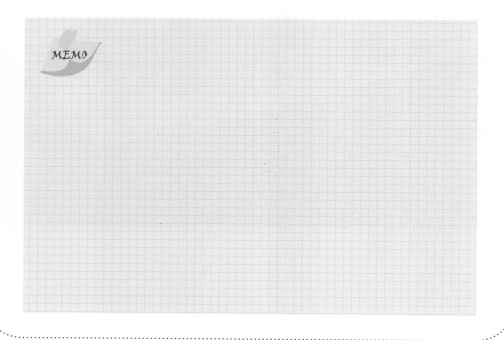

MEMO

椰汁天麻湯

천마야자수프

🎨 재료

〈주재료 및 부재료〉		〈양념 및 소스재료〉	
코코넛밀크	1캔	물	1컵
마	100g	꿀	3술
생크림	3술	설탕	1술

조리방법

1. 마는 크기 2cm 정도로 썰어서 쪄낸다.

2. 팬에 코코넛, 물, 꿀, 설탕을 넣고 20초 정도 끓인다.

3. 수프가 어느 정도 끓으면 생크림을 넣고 5초 정도 더 끓여준다.

4. 그릇에 끓여낸 수프를 붓고 쪄낸 마를 2cm로 썰어 넣는다.

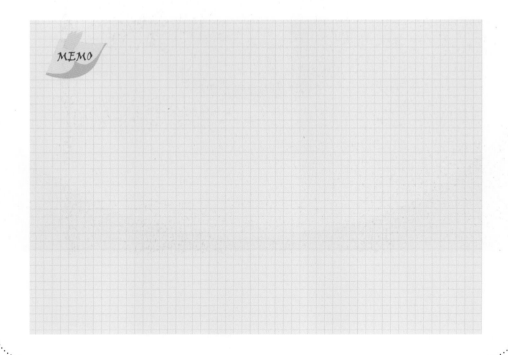

川貝雪梨

천패설리(배꿀찜)

재료

<table>
<tr><td colspan="2">〈주재료 및 부재료〉</td><td colspan="2">〈양념 및 소스재료〉</td></tr>
<tr><td>천패</td><td>4알</td><td>꿀</td><td>2큰술</td></tr>
<tr><td>배</td><td>1개</td><td>물</td><td>2큰술</td></tr>
<tr><td>타피오카</td><td>1큰술</td><td></td><td></td></tr>
</table>

조리방법

1. 배는 반으로 갈라 속을 파고 파낸 속은 잘게 썰어서 준비한다.

2. 타피오카는 물에 담가 씻은 다음 잘게 썬 배와 같이 배 속에 넣고 꿀과 천패도 같이 넣어준다.

3. 스팀에 2시간 정도 쪄내면 완성된다.

MEMO

　천패(패모) : 백선이라는 식물의 씨앗으로 천패(패모)라고 하는데 검은색으로 우리 오미자모양을 하고 있으며 한의약에서 기침과 담의 약으로 쓰인다.

　타피오카(tapioca) : 카사바라는 열대식물의 뿌리를 갈아 전분을 추출 후 말려서 사용하는 식용녹말가루이다. 이것은 구슬처럼 만들어 음료에 넣어 마신다.

椰汁燕窩湯

코코넛제비집수프

재료

〈주재료 및 부재료〉		〈양념 및 소스재료〉	
코코넛밀크	1/2캔	물	1컵
불린 제비집	1큰술	꿀	2큰술
생크림	2큰술	설탕	1큰술

조리방법

1. 제비집은 물에 담가 스팀에 30분 정도 쪄낸 다음 이물질을 제거한다.
2. 먼저 코코넛밀크, 물, 꿀, 설탕을 넣고 살짝 끓여준 다음 생크림도 넣고 한 번 더 끓여준다.
3. 그릇에 담고 제비집도 같이 넣어준다.

MEMO

柿子西米露

감시미로

재 료

〈주재료 및 부재료〉		〈양념 및 소스재료〉	
홍시	1개	꿀	2큰술
타피오카	1큰술	물	1/2컵

조리방법

1. 타피오카는 물에 10분 정도 담가놓는다.
2. 홍시는 껍질을 제거한 다음 물과 꿀을 넣고 믹서기에 곱게 갈아 그릇에 담는다.
3. 담가놓은 타피오카는 뜨거운 물에 데친 다음 물기를 빼고 차게 해서 갈아놓은 홍시 위에 올려준다.

MEMO   타피오카 : 열대식물 뿌리에서 추출한 녹말가루로 만든 구슬모양 식품−물에 불리거나 데치면 구슬모양의 쫄깃한 식품이 된다.

拔絲元宵

빠스웬셔우

재료

〈주재료 및 부재료〉		〈양념 및 소스재료〉	
중국 찹쌀떡	6개	설탕	3큰술
깨	1/4작은술	식용유	2컵

조리방법

1. 찹쌀떡 담을 큰 접시나 판에 기름을 먼저 발라놓는다.
2. 중국 찹쌀떡은 끓는 물에 살짝 삶은 다음 밀가루를 묻혀 국자로 툭툭 쳐가면서 튀겨준다.
3. 팬에 식용유 2큰술과 설탕 3큰술을 넣고 약한 불로 시럽을 만든다.
4. 시럽이 완성되면 바로 튀긴 찹쌀떡을 넣고 시럽이 골고루 묻도록 한 다음 깨를 살짝 뿌려준다.
5. 기름 바른 접시에 담아서 하나씩 떼어낸 다음 다시 깨끗한 접시에 담아낸다.

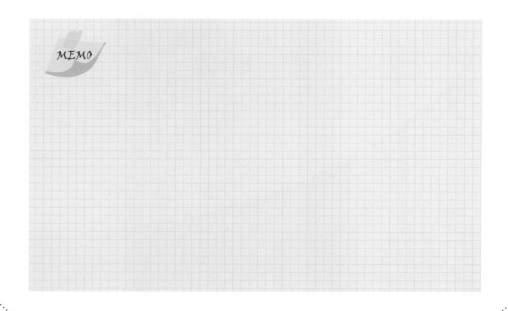

MEMO

Part

4

가정요리

炒河粉

쌀국수채소볶음

재료

〈주재료 및 부재료〉		생강	약간
말린 쌀국수	100g	마늘	2개
브로컬리	3쪽	식용유	2큰술
표고버섯	2개	간장	1큰술
죽순	3쪽	굴소스	1큰술
아스파라거스	2개	후춧가루	1/4작은술
청 · 홍피망	1/2개씩	육수	4큰술
새송이버섯	1개	물전분	1큰술
은행	10알	청주	1큰술
〈양념 및 소스재료〉		참기름	1큰술
대파	1/2개		

조리방법

1. 쌀국수는 삶아서 준비하고 채소류(브로콜리, 표고, 죽순, 아스파라거스, 청 · 홍피망, 새송이 버섯)는 2~3cm 길이, 너비 1cm로 썬 다음 끓는 물에 데쳐놓는다.
2. 대파, 생강, 마늘은 편으로 썰어 팬에 식용유 2큰술을 넣고 5초 정도 볶아준다.
3. 청주를 넣고 데친 채소, 쌀국수, 소스도 같이 넣고 20초 정도 볶아낸 다음 참기름을 넣어 마무리한다.

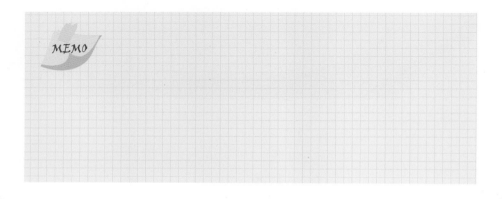

MEMO

薺菜湯麵

바지락냉이탕면

재료

〈주재료 및 부재료〉		〈양념 및 소스재료〉	
국수	160g	다진 마늘	1작은술
냉이	100g	청주	1큰술
바지락	10개	국간장	1작은술
목이버섯	3개	치킨파우더	1작은술
죽순	4쪽	소금	1작은술
		육수	3컵

조리방법

1. 국수는 끓는 물에 삶아 찬물에 잘 헹군 뒤 다시 데쳐서 그릇에 담는다.
2. 목이버섯은 먹기 좋은 크기로 자르고 죽순은 편으로 썬다.
3. 팬에 청주를 넣고 육수를 부은 다음 다진 마늘과 바지락을 넣고 끓여서 목이버섯과 죽순을 넣고 국간장, 치킨파우더, 소금을 넣고 간을 한다.
4. 다시 끓으면 손질한 냉이를 넣고 살짝 끓여서 국수 위에 부어준다.

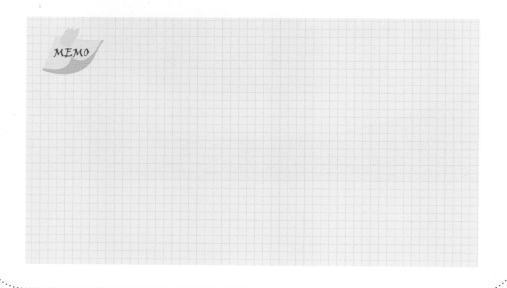

MEMO

涼麵

중국냉면

재료

〈주재료 및 부재료〉

생면	160g
표고버섯	1개
오이	약간
중새우	1마리
해파리	30g
불린 해삼	40g
절인 거죽나물	10g
오징어살	40g
오향장육	30g
계란	1개

〈양념 및 소스재료〉

땅콩버터	1큰술+물 2큰술

〈냉면육수〉

육수	2컵
청주	1큰술
간장	3큰술
치킨파우더	1작은술
설탕	1작은술
식초	2큰술
소금	1작은술

조리방법

1. 냉면육수는 미리 섞어서 냉장고에 넣어 차게 해놓는다.
2. 생면은 끓는 물에 삶아 찬물에 잘 씻어서 그릇에 담는다.
3. 해파리는 데쳐서 물에 담가 소금기를 잘 빼주고 중새우는 삶아서 반으로 가른다.
4. 오징어살은 데쳐서 채로 썰고 오향장육과 해삼도 채로 썰어 준비한다.
5. 계란은 지단을 부치고 오이와 같이 채로 썰어서 다른 재료와 같이 국수 위에 올려준다.
6. 냉면육수를 붓고 땅콩버터를 곁들인다.

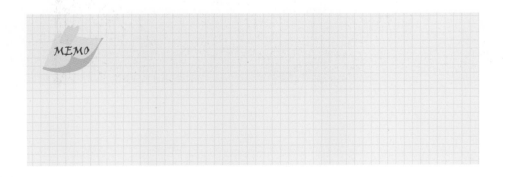

MEMO

八珍湯麵

팔진탕면

재료

〈주재료 및 부재료〉		식용유	2큰술
생면	160g	청주	1큰술
쇠고기편	2쪽	간장	1큰술
중새우	1마리	굴소스	1큰술
오징어살	1/2쪽	육수	2큰술
닭가슴살	40g	후춧가루	1/4작은술
죽순	40g	물전분	1큰술
표고버섯	2개	육수	2컵
양송이버섯	1개	후춧가루	약간
청경채	1개	간장	1큰술
〈양념 및 소스재료〉		굴소스	1큰술
대파	1/2개	치킨파우더	1작은술
다진 마늘	1/2큰술	참기름	1작은술
다진 생강	1/2작은술		

조리방법

1. 모든 재료는 편으로 썰어 준비한다.
2. 국수는 삶아서 잘 씻은 다음 다시 데쳐서 그릇에 담는다.
3. 팬에 식용유를 넣고 대파, 생강, 마늘을 먼저 볶다가 청주, 간장을 넣고 나머지 재료를 넣고 볶는다.
4. 굴소스, 후춧가루, 육수를 넣고 볶다가 물전분을 풀어 걸쭉하게 해서 국수 위에 부어준다.
5. 육수 2큰술에 간장, 굴소스, 치킨파우더를 넣고 끓인 다음 참기름 넣은 소수를 국수 위에 뿌려준다.

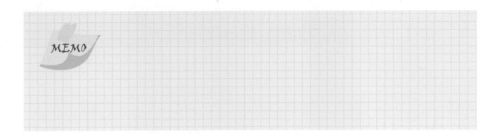

MEMO

松茸湯麵

송이탕면

재료

〈주재료 및 부재료〉	
생면	160g
송이버섯	3개
비타민	1뿌리
새송이버섯	1/2개

〈양념 및 소스재료〉	
청주	1큰술
육수(물)	2컵
간장	1작은술
치킨파우더	1작은술
소금	1작은술
참기름	1작은술

조리방법

1. 국수는 끓는 물에 삶아서 찬물에 잘 헹군 뒤 다시 데쳐서 그릇에 담는다.
2. 버섯은 편으로 썰고 비타민은 길이 4cm로 썬다.
3. 팬에 청주를 넣고 물을 부은 다음 간장, 치킨파우더, 소금을 넣고 끓인다.
4. 끓으면 다시 버섯과 채소를 넣고 살짝 끓여서 참기름을 넣고 국수 위에 올린다.

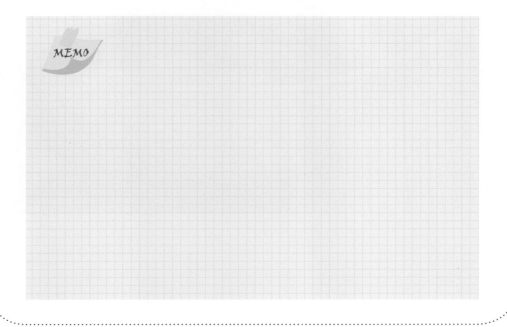

MEMO

蜊子湯麵

굴탕면

재료

〈주재료 및 부재료〉		다진 생강	약간
생굴	20알	생면	160g
청경채	1개	육수	2.5컵
죽순	50g	청주	1큰술
목이버섯	50g	국간장	1작은술
〈양념 및 소스재료〉		치킨파우더	1작은술
다진 마늘	1작은술	소금	1작은술

조리방법

1. 국수는 끓는 물에 삶아서 찬물에 잘 헹군 뒤 다시 데쳐서 그릇에 담는다.
2. 생굴은 깨끗한 물에 잘 씻고 목이버섯, 청경채는 먹기 좋은 크기로 자르고 죽순은 편으로 썬다.
3. 팬에 청주, 육수를 붓고 다진 마늘과 생강을 넣고 끓인 다음 다시 채소와 간장, 치킨파우더, 소금으로 간을 한다.
4. 끓으면 생굴을 넣고 살짝 더 끓인 후 국수 위에 올린다.

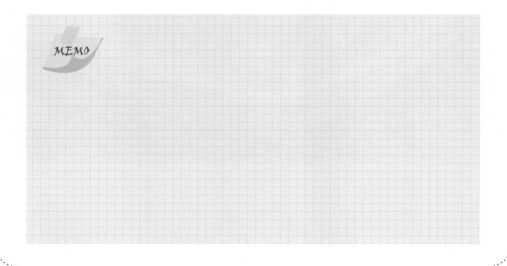

MEMO

八珍炒麵

팔진초면

재료

〈주재료 및 부재료〉		〈양념 및 소스재료〉	
가는 생면	120g	대파	1/2개
쇠고기편	2쪽	다진 마늘	1작은술
중새우	1마리	다진 생강	1/4작은술
오징어살	1/2쪽	식용유	1/2컵
닭가슴살	40g	청주	1큰술
죽순	40g	간장	1큰술
표고버섯	2개	굴소스	1큰술
양송이버섯	1개	육수	1컵
청경채	1개	후춧가루	1/4작은술
		물전분	2큰술

조리방법

1. 모든 재료는 편으로 썰어 준비한다.
2. 국수는 삶아서 잘 씻은 후 팬에 바삭 하게 지져낸 다음 풀어서 접시에 담는다.
3. 팬에 식용유를 넣고 대파, 생강, 마늘을 먼저 볶은 다음 청주, 간장을 넣고 나머지 재료를 넣고 볶아준다.
4. 육수, 굴소스, 후춧가루를 넣고 살짝 끓이다가 물전분을 풀어 걸쭉하게 해준 다음 참기름을 넣고 국수 위에 올려준다.

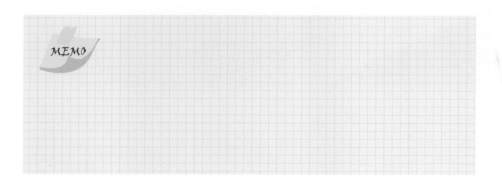

MEMO

Chinese Food

靑豆湯麵

청두탕면

재료

〈주재료 및 부재료〉		고추기름	2큰술
생면	160g	청주	1큰술
그린빈스	100g	간장	1큰술
돼지고기	50g	두반장	1작은술
〈양념 및 소스재료〉		소금	1/4작은술
대파	2큰술	육수	3컵
다진 생강	1작은술	후춧가루	1/4작은술
다진 마늘	1작은술		

조리방법

1. 국수는 삶아서 잘 씻은 다음 데쳐서 그릇에 담는다.
2. 돼지고기는 잘게 썰고 그린빈스콩도 잘게 썰어 준비한다.
3. 팬에 고추기름을 넣고 고기를 10초 정도 볶은 뒤 두반장을 넣는다.
4. 대파, 생강, 마늘을 넣고 5초 정도 더 볶은 뒤 청주, 간장, 그린빈스콩을 같이 넣고 볶는다.
5. 육수를 붓고 소금, 후춧가루로 간을 한 다음 20초 정도 끓여서 국수 위에 부어준다.

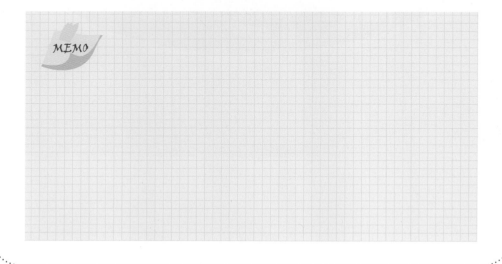

MEMO

榨菜湯麵

짜사이탕면

🥢 재료

〈주재료 및 부재료〉		다진 생강	1작은술	물전분	1큰술
생면	160g	다진 마늘	1작은술	육수	2컵
짜사이	50g	달걀 흰자	약간	후춧가루	1/4작은술
돼지고기채	50g	전분	1작은술	간장	1큰술
죽순	30g	식용유	2큰술	굴소스	1큰술
표고버섯	2개	청주	1큰술	치킨파우더	1작은술
청경채	1개	간장	1작은술	참기름	1작은술
〈양념 및 소스재료〉		굴소스	1큰술		
다진 대파	1큰술	후춧가루	1/4작은술		

조리방법

1. 국수는 끓는 물에 삶아서 찬물로 잘 씻은 다음 데쳐서 그릇에 담는다.
2. 짜사이는 물에 10분 정도 담가 소금기와 물기를 빼준다.
3. 죽순, 표고버섯, 청경채는 채썰고 대파는 반으로 가른 다음 2cm 길이로 썬다.
4. 돼지고기채는 달걀 흰자와 전분을 넣고 골고루 잘 버무린다.
5. 팬에 식용유를 두르고 고기와 대파, 생강, 마늘을 넣어 5초 정도 볶는다.
6. 청주, 간장을 넣고 채썬 죽순, 표고버섯, 청경채, 짜사이를 넣은 다음 같이 볶는다.
7. 굴소스, 후춧가루를 넣고 간을 맞춘 다음 물전분을 풀어 국수 위에 얹는다.
8. 국물소스에 들어가는 재료를 모두 팬에 넣고 끓인 다음 그릇에 붓는다.

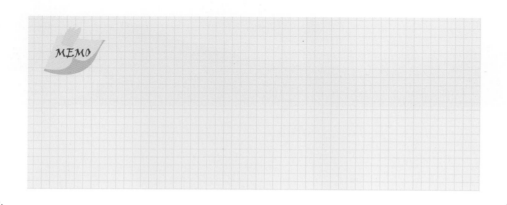

MEMO

Chinese Food

蝦仁炒麵
새우초면

재료

〈주재료 및 부재료〉		다진 생강	1작은술
가는 생면	120g	식용유	1/2컵
중새우	4마리	식용유	3큰술
죽순	50g	청주	1큰술
표고버섯	3개	간장	1큰술
양송이버섯	3개	굴소스	1큰술
청경채	1개	치킨파우더	1/4작은술
〈양념 및 소스재료〉		육수	1컵
대파	1개	후춧가루	1/4작은술
다진 마늘	1큰술	물전분	2큰술

조리방법

1. 새우는 등을 갈라 내장을 빼고 나머지 재료(죽순, 표고버섯, 양송이버섯, 청경채)는 모두 편으로 썬다.
2. 국수는 삶아서 잘 씻은 다음 팬에 바삭하게 지져서 접시에 풀어 담는다.
3. 팬에 식용유를 넣고 대파, 생강, 마늘을 먼저 볶다가 청주, 간장을 넣고 나머지 채소재료를 같이 볶는다.
4. ③에 굴소스, 후춧가루, 육수 1컵 정도를 넣고 살짝 끓이다가 물전분을 풀어 걸쭉하게 한 다음 참기름을 넣고 국수 위에 올려준다.

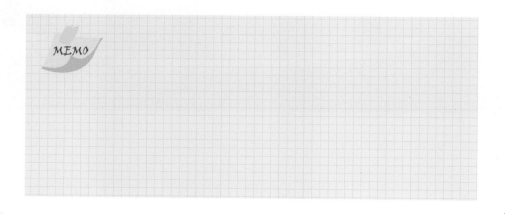

MEMO

四川湯麵

사천탕면

재료

〈주재료 및 부재료〉		〈양념 및 소스재료〉	
생면	160g	다진 마늘	1작은술
양파	1/4개	청경채	1개
죽순채	30g	실고추	1개
불린 목이버섯	30g	청주	1큰술
청양고추	1개	치킨파우더	1큰술
오징어살	1/2개	소금	1작은술
작은 새우	8마리	후춧가루	1/4작은술
호박	40g	국간장	1큰술
		육수	3컵

조리방법

1. 국수는 삶아서 잘 씻고 뜨겁게 데친 다음 그릇에 담는다.
2. 오징어살, 새우는 채로 썰어 준비한 다음 팬에 청주를 넣고 10초 정도 볶아준다.
3. 채소류(양파, 죽순채, 목이버섯, 고추, 호박, 청경채)를 동일한 크기로 썰어 함께 볶아준다.
4. ③의 볶아놓은 채소류에 육수 1컵을 붓고 끓이다 나머지 육수 2컵에 치킨파우더를 타서 위 채소류에 섞어 버무린 후 소금, 후춧가루를 넣어 함께 부어준다.
5. 볶은 채소류 소스를 국수 위에 올려낸다.

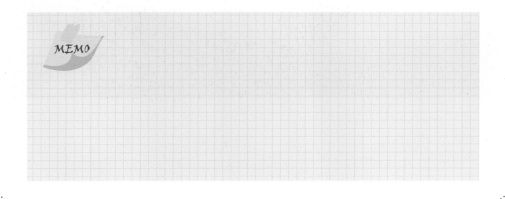

MEMO

XO蟹肉炒飯

XO소스게살볶음밥

재료

〈주재료 및 부재료〉		〈양념 및 소스재료〉	
밥	1공기	대파	10g
게살	40g	식용유	2큰술
완두콩	30g	XO소스	1큰술
계란	1개	치킨파우더	1작은술
		소금	1작은술
		참기름	1작은술

조리방법

1. 대파는 잘게 썰고 게살은 속뼈를 제거한 다음 잘게 썬다.

2. 팬에 식용유를 넣고 달걀을 먼저 볶은 다음 밥을 넣고 볶는다.

3. 대파와 게살, XO소스 1큰술, 치킨파우더 1작은술, 소금 1작은술을 넣고 ②에 1분 정도 같이 더 볶아낸다.

4. ③에 참기름을 넣고 마무리한다.

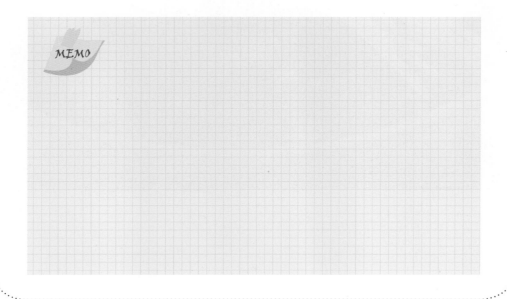

MEMO

재료

〈주재료 및 부재료〉		〈양념 및 소스재료〉	
생면	160g	춘장	1큰술
양파(중간크기)	1개	식용유	3큰술
대파	20g	청주	1큰술
다진 생강, 마늘	1작은술씩	간장	1큰술
호박	50g	굴소스	1큰술
돼지고기	30g	설탕	1작은술
새우	30g	물전분	1큰술
오징어살	30g	참기름	1작은술
불린 해삼	30g		

조리방법

1. 양파, 대파. 호박을 잘게 썰어 준비하고 불린 해삼, 오징어살도 잘게 썬다. 새우는 등쪽 내장을 제거한다. 돼지고기도 잘게 썰어준다.
2. 생면은 끓는 물에 소금을 약간 넣고 삶아낸 다음 잘 씻어서 데친 뒤 그릇에 담는다.
3. 팬에 식용유를 넣고 춘장을 살짝 볶아준 다음 고기를 넣고 같이 볶아준다.
4. 대파, 생강, 마늘을 넣고 5초 정도 볶다가 청주, 간장과 양파, 호박, 새우, 오징어살, 불린 해삼도 같이 볶아준다.
5. 굴소스, 설탕으로 간을 하고 물전분을 풀어서 걸쭉하게 한 다음 참기름을 넣고 짜장소스를 만들어 그릇에 따로 담아 면과 같이 곁들인다.

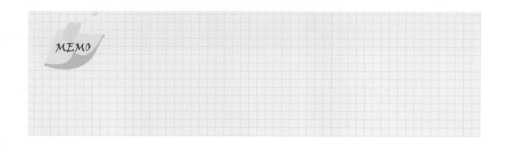

MEMO

八珍炒飯

팔진볶음밥

재료

〈주재료 및 부재료〉	
밥	1공기
쇠고기	30g
새우	30g
오징어살	30g
완두콩	30g
계란	1개

〈양념 및 소스재료〉	
대파	10g
식용유	2큰술
치킨파우더	1큰술
소금	1작은술
참기름	1작은술

조리방법

1. 쇠고기, 새우, 오징어살은 0.5cm 크기로 썬 다음 기름에 먼저 볶아서 익혀놓는다.
2. 대파는 잘게 썬다.
3. 팬에 식용유를 넣고 달걀을 먼저 볶아준 다음 밥을 넣고 볶는다.
4. 대파와 치킨파우더 1큰술, 소금 1작은술을 넣고 1분 정도 더 볶다가 익혀놓은 새우, 오징어살, 쇠고기도 같이 넣고 볶아준다.
5. ④의 볶음밥에 참기름을 넣고 마무리한다.

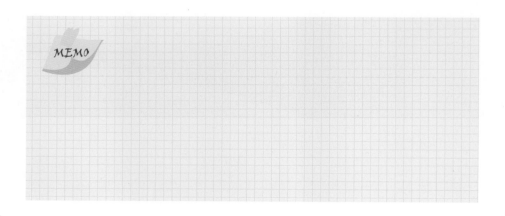

MEMO

煎餃子

쨴교자

재 료

〈주재료 및 부재료〉		〈양념 및 소스재료〉	
밀가루	400g	소금	1/5작은술
돼지고기	50g	다진 생강	1/5작은술
부추	40g	청주 · 간장	1큰술씩
파	1/2개	굴소스	1큰술
		참기름	1작은술
		식용유	1/2컵

조리방법

1. 밀가루 200g에 소금 1/5작은술, 뜨거운 물 95g 정도 부어 되기를 조금씩 조절해 반죽한다.
2. 다진 돼지고기, 생강, 잘게 썬 부추, 파와 같이 섞는다.
3. 청주, 간장, 굴소스, 참기름을 넣고 잘 버무려 만두소를 준비한다.
4. 반죽을 여러 번 치댄 후 방치시켜 약간 발효시킨 다음 방망이로 돌돌 밀어 직경 2cm 정도의 긴 원형모양을 만든다.
5. 다시 1.5cm씩 손가락으로 뚝뚝 떼어 밀가루를 바닥에 뿌려놓고 떠낸 부분을 손바닥으로 납작하게 눌러준다.
6. 납작해진 반죽을 지름이 약 7cm가 되도록 밀대로 민다.
7. 만두피에 만두소를 한 스푼 정도 넣은 다음 왼손바닥에 올려놓고 오른손 엄지와 검지로 꾹꾹 눌러 만두무늬를 내준다.
8. 만두를 8개 정도 만든 다음 미리 끓여놓은 스팀물솥에 5분 정도 쪄서 다시 팬에 기름을 넣고 아랫부분이 갈색이 나오게 지져서 낸다.

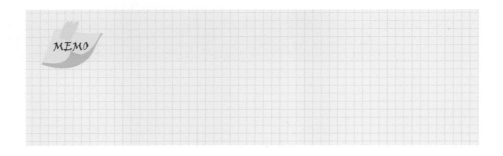

海鮮炒碼麵

해물짬뽕

재료

〈주재료 및 부재료〉		해삼	50g	고춧가루	1큰술
생면	160g	새우	50g	청주	1큰술
양파	1/4개	소라	1개	간장	1작은술
호박	30g	바지락조개	6개	소금	1작은술
목이버섯	30g	〈양념 및 소스재료〉		치킨파우더	1작은술
청경채	1개	다진 마늘	1작은술	후춧가루	1/4작은술
오징어살	50g	식용유	2큰술	물	3컵

조리방법

1. 생면은 끓는 물에 소금을 약간 넣고 삶아낸 다음 잘 씻어서 데친 뒤 그릇에 담는다.
2. 양파, 호박은 채로 썰고 청경채는 4cm로 자르고 오징어살은 모양을 내서 자르고 해삼, 소라는 편으로 썬다.
3. 팬에 식용유를 넣고 다진 마늘을 5초 정도 볶다가 청주, 간장을 넣고 양파, 호박, 고춧가루와 같이 5초 정도 다시 볶는다.
4. 바지락조개를 뺀 나머지 재료를 넣고 약 10초 정도 볶다가 물 한 컵을 붓고 30초 정도 끓여준다.
5. 나머지 물도 넣고 소금, 치킨파우더, 후춧가루, 바지락조개를 넣고 다시 1분 정도 끓인 다음 국수 위에 부어준다.

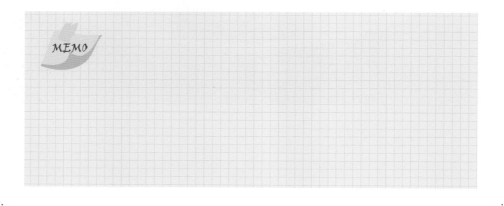

MEMO

三仙溫滷麵

삼선울면

재료

〈주재료 및 부재료〉		죽순	40g	간장	1작은술
생면	160g	표고버섯	1개	소금	1작은술
쇠고기편	2쪽	양송이버섯	1개	치킨파우더	1작은술
새우	8마리	청경채	1개	육수	2컵
오징어살	1/2쪽	달걀	1개	후춧가루	1/4작은술
소라	1개	〈양념 및 소스재료〉		물전분	3큰술
해삼	40g	청주	1큰술	참기름	1작은술

조리방법

1. 생면은 끓는 물에 소금을 약간 넣고 삶아낸 다음 잘 씻어서 데친 뒤 그릇에 담는다.
2. 새우는 등쪽 내장을 빼고, 오징어살은 빗살모양을 내서 자르고, 소라, 해삼, 죽순, 표고버섯, 양송이버섯은 모두 편으로 썬다. 청경채는 4cm 크기로 자른다.
3. 썰어놓은 재료는 모든 물에 데쳐준다.
4. 팬에 청주 1큰술, 간장 1작은술, 소금 1작은술, 치킨파우더 1작은술, 육수 2컵, 후춧가루 1/4 작은술과 데친 재료도 같이 넣고 끓인다.
5. ④가 끓으면 바로 물전분을 풀어서 걸쭉하게 하고 달걀도 넣고 골고루 풀어준다.
6. 참기름을 넣고 면 위에 담아준다.

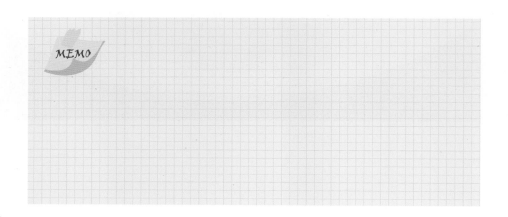

MEMO

Chinese Food

辣拌榨菜

반짜사이

재료

〈주재료 및 부재료〉		〈양념 및 소스재료〉	
짜사이	500g	고추기름	3큰술
채선 대파	80g	참기름	2큰술
채썬 오이	100g	설탕	2큰술
		식초	2큰술
		소금	약간

조리방법

1. 짜사이는 채썰어서 20분 정도 물에 담가 소금기를 빼준다.
2. 그릇에 짜사이를 담고 고추기름 2큰술, 참기름 1큰술, 설탕 1큰술, 식초 1큰술을 같이 넣고 버무린 다음 대파와 오이도 넣고 같이 버무린다.
3. 상황에 따라 소금을 첨가해서 짠맛을 조절한다.

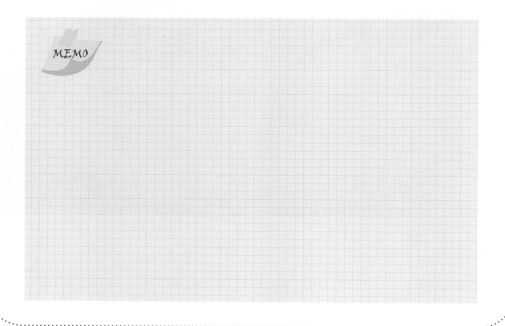

混沌湯

혼돈탕

재료

〈주재료 및 부재료〉		간장	1작은술
밀가루	300g	굴소스	1큰술
다진 돼지고기	80g	참기름	1작은술
부추	20g	후춧가루	1/4작은술
달걀	1개	청주	1큰술
표고버섯	1개	간장	1작은술
청경채	2포기	치킨파우더	1작은술
〈양념 및 소스재료〉		소금	1작은술
소금	1/4작은술	참기름	1작은술
대파	20g	육수	2컵
청주	1큰술		

조리방법

1. 밀가루 100g과 물 48g, 소금 약간을 넣고 반죽한 다음 잘 치대어 놓는다.

2. 부추와 대파, 생강을 잘게 썰거나 다져서 고기, 청주 1큰술, 간장 1작은술, 굴소스 1큰술, 참기름 1작은술, 후춧가루 1/4작은술을 넣고 잘 섞어준다.

3. 방치한 밀가루반죽은 넙적하게 4~5cm로 얇게 밀어서 만두피를 만든 다음 속을 넣고 훈탕을 만들어서 끓는 물에 삶아낸다.

4. 팬에 불린 표고를 썰어 볶다가 청경채도 함께 넣고 볶은 후 청주 1큰술, 육수 2컵, 간장 1작은술, 치킨파우더 1작은술, 소금 1작은술, 삶아놓은 훈탕을 넣고 잠깐 끓이다가 달걀을 풀고 참기름을 넣어 완성한다.

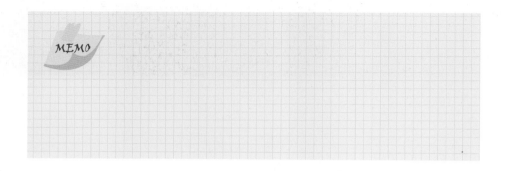

MEMO

鷄蛋炒西紅柿
방울토마토달걀볶음

재료

〈주재료 및 부재료〉		〈양념 및 소스재료〉	
방울토마토	10개	식용유	3큰술
달걀	4개	청주	1큰술
부추	약간	치킨파우더	1작은술
		소금	1작은술
		참기름	1작은술

조리방법

1. 방울토마토는 살짝 데쳐서 껍질을 제거한 다음 반으로 갈라놓는다.
2. 부추는 4cm 정도로 썰어서 달걀과 섞어서 팬에 기름을 넣고 볶아낸다.
3. 다시 방울토마토를 넣고 치킨파우더, 소금을 넣고 볶아낸 다음 참기름을 넣는다.

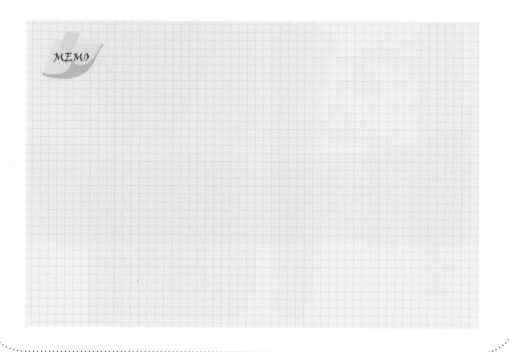

MEMO

生炒地豆
띠또우볶음(감자볶음)

재료

〈주재료 및 부재료〉		다진 생강	약간
감자	1개	식용유	2큰술
홍고추	1개	청주	1큰술
〈양념 및 소스재료〉		간장	1큰술
대파	1/2개	굴소스	1큰술
다진 마늘	1개	참기름	1큰술

조리방법

1. 감자, 홍고추, 대파는 채로 썰고 감자는 끓는 물에 데쳐서 물기를 빼준다.
2. 팬에 식용유를 넣고 홍고추, 대파, 마늘, 생강을 5초 정도 볶다가 청주를 붓는다.
3. 데친 감자와 간장, 굴소스를 넣고 10초 정도 볶아준 다음 참기름으로 마무리한다.

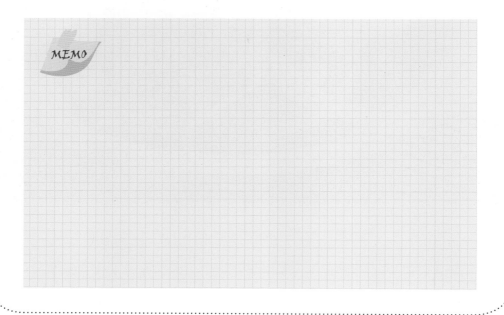

MEMO

炒肉粉條

당면잡채

재료

〈주재료 및 부재료〉		달걀 흰자	1/2개
당면	70g	〈양념 및 소스재료〉	
돼지고기채	70g	식용유	2큰술
양파	1개	청주	1큰술
당근 · 호박	약간씩	간장	1큰술
목이버섯	3쪽	굴소스	1큰술
시금치	2개	후춧가루	약간
전분	1/2작은술	참기름	1/2작은술

조리방법

1. 고기채는 청주, 간장, 후춧가루를 약간씩 넣고 달걀 흰자와 전분을 넣고 버무려놓는다.
2. 당면은 끓는 물에 넣어 불려내고, 채소는 모두 채로 썬다.
3. 팬에 식용유를 넣고 고기를 먼저 익혀낸다.
4. 팬에 식용유를 넣고 채썬 채소를 볶다가 청주, 간장을 넣고 당면도 같이 볶아준다.
5. ④에 굴소스, 후춧가루를 넣고 볶다가 익혀놓은 고기를 넣고 참기름을 넣어 마무리한다.

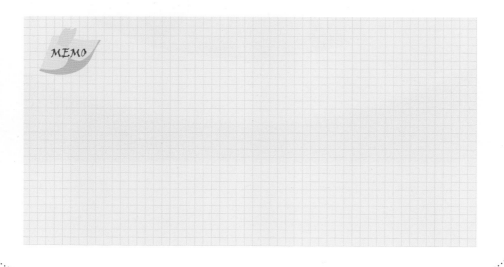

MEMO

竹筍肉丁

삼겹살죽순볶음

재료

〈주재료 및 부재료〉		청주	2큰술
삼겹살	200g	간장	1큰술
죽순	100g	굴소스	1.5큰술
〈양념 및 소스재료〉		물	1큰술
다진 대파	2큰술	후춧가루	조금
다진 마늘	1작은술	참기름	약간
다진 생강	1/2작은술	물전분	1큰술
식용유	3큰술		

조리방법

1. 삼겹살은 잘게 썰어 준비한다.
2. 죽순은 편으로 썬 다음 끓는 물에 데친다.
3. 식용유에 삼겹살을 10초 정도 볶고 대파, 생강, 마늘을 다시 5초 정도 볶는다.
4. 청주와 간장 1술을 넣고 볶다가 데친 죽순을 넣고 볶는다.
5. 굴소스, 물, 후춧가루를 넣어 양념하고 물전분을 풀어낸 다음 참기름을 넣어 마무리한다.

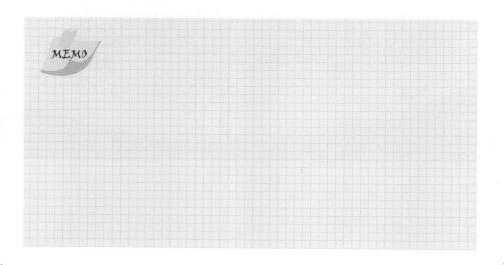

MEMO

香蔥牛肉片

대파쇠고기볶음

재료

〈주재료 및 부재료〉		생강	약간
쇠고기등심편	100g	식용유	1컵
대파	2개	청주	1큰술
전분	1큰술	간장	1큰술
계란 흰자	약간	굴소스	1큰술
〈양념 및 소스재료〉		물	2큰술
생강	약간	후춧가루	약간
마늘	2개	참기름	약간

조리방법

1. 등심은 굵은 편으로 썰어서 간장, 청주, 후춧가루, 계란 흰자와 전분을 넣고 버무린 다음 식용유에 익힌다.
2. 팬에 식용유 2큰술을 넣고 대파, 생강, 마늘을 볶다가 청주, 간장을 부어준다.
3. 익혀놓은 쇠고기와 굴소스, 물을 넣고 볶다가 물전분을 풀어준다.
4. ③에 참기름을 넣고 마무리한다.

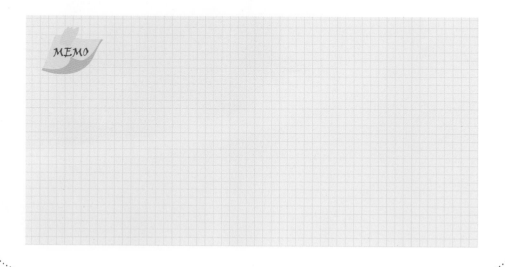

MEMO

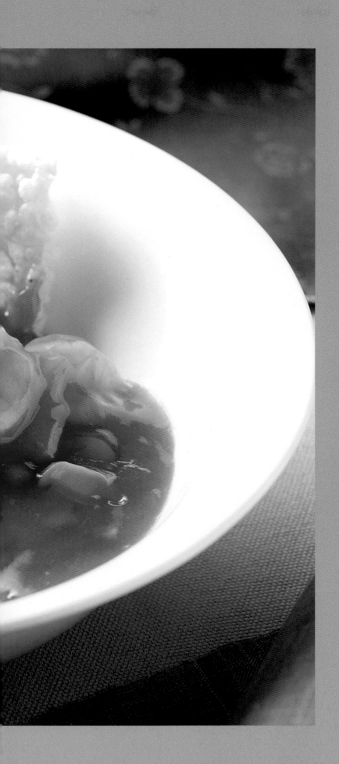

Part

5

고급요리

佛跳牆

불도장

재료

〈주재료 및 부재료〉		삶은 쇠고기 편육	100g	〈양념 및 소스재료〉	
닭가슴살	300g	배추	1잎	대파 · 생강	1쪽씩
송이버섯	1개	오골계	100g	소흥주	1큰술
해삼	100g	샥스핀	50g	간장	1/2작은술
전복	1개	관자	1개	소금	약간
돼지목살	1쪽				

조리방법

1. 닭가슴살 300g은 먼저 10리터의 물에 넣고 끓인 다음 불을 줄여서 천천히 끓여 국물이 맑은 육수를 만든다.
2. 송이버섯, 해삼, 배추는 편으로 썰고 편육은 기름을 제거하고 4cm 정도로 길게 썬다.
3. 오골계, 목살은 네모꼴로 썰고 전복은 반으로 자른다.
4. 대파, 생강, 관자 모든 재료는 물에 삶아서 익혀준다.
5. 그릇에 데친 재료와 관자, 대파, 생강을 넣는다.
6. ①의 육수에 소흥주, 간장, 소금을 넣고 간을 한 다음 모든 재료를 담은 그릇에 육수를 붓는다.
7. 재료를 담은 용기 ⑥을 스팀에 올려 2시간 정도 중탕한다.
8. 불도장 용기 속 내용물이 끓어 육수와 재료가 어우러져 맛있게 익으면 꺼내 대파와 생강을 빼내고 완성한다.

 MEMO

옛날 시골 바닷가에서 사냥꾼이 잡은 여러 동물과 해산물을 넣고 끓이는데 그 향이 너무 좋아 멀리서 도를 닦던 스님이 그 냄새를 맡고 담을 넘고 찾아와서 먹어버렸다는 이야기가 전해져서 불도장(즉 스님이 담을 넘다)이라는 이름이 유래되었다 한다.

三仙魚翅

삼선샥스핀

재료

〈주재료 및 부재료〉		청경채	4개	물전분	2큰술
샥스핀	70g	〈양념 및 소스재료〉		식용유	2큰술
불린 해삼	70g	대파·생강·마늘	약간씩	청주	1큰술
죽순	50g	식용유	2큰술	육수	2/3컵
표고버섯	3개	청주	1큰술	참기름	1작은술
중새우	4마리	간장	1작은술	간장	1작은술
키조개살	1개	굴소스	1큰술	굴소스	1작은술
쇠고기	50g	후춧가루	1/4작은술	물전분	1큰술

조리방법

1. 쇠고기는 편으로 썰고 중새우는 반으로 갈라 모두 전분을 살짝 발라 기름에 익혀놓는다.
2. 죽순, 표고버섯, 불린 해삼, 키조개살은 편으로 썰고 끓는 물에 데쳐서 물기를 빼둔다.
3. 청경채는 끓는 물에 소금, 식용유를 약간씩 넣고 데쳐서 뿌리부분을 잘라내고 그릇에 담는다.
4. 팬에 식용유를 넣고 대파, 생강, 마늘을 잘게 썰어 볶다가 청주, 간장을 넣고 데친 재료를 볶아준다.
5. 굴소스, 후춧가루를 넣고 익혀놓은 고기와 새우도 같이 넣고 볶아준 다음 물전분을 풀어서 그릇에 담는다.
6. 샥스핀을 데쳐서 그 위에 올려준다.
7. 다시 팬에 식용유 2큰술, 청주, 간장, 굴소스, 육수를 넣고 끓이다가 물전분을 풀어서 걸쭉하게 보글보글 끓인 다음 참기름을 넣고 샥스핀 위에 뿌려준다.

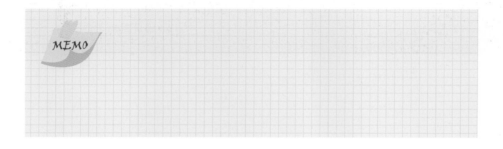

MEMO

拔絲蘋果

빠스사과

재 료

〈주재료 및 부재료〉		〈양념 및 소스재료〉	
사과	1개	설탕	3큰술
계란 흰자	1/2개	식용유	3컵
밀가루	2컵		

조리방법

1. 사과는 씨와 껍질을 제거한 다음 다각형으로 썰어서 계란 흰자로 버무린 다음 밀가루를 묻힌다.
2. 뜨거운 물을 살짝 뿌려 적신 다음 다시 밀가루를 발라서 손으로 꼭꼭 눌러 잘 묻게 한다.
3. 밀가루와 뜨거운 물을 2~3회 반복하여 두툼하게 밀가루를 묻혀준 다음 170℃의 기름에 튀긴다.
4. 동시에 팬에 식용유 2큰술, 설탕 2큰술을 넣고 시럽을 만든 다음 튀긴 사과를 넣고 버무려낸다.
5. 접시에 기름을 약간 바르고 시럽에 버무린 사과를 넣고 달라붙지 않도록 떼어낸다.
6. 다시 다른 접시에 옮겨 담아낸다.

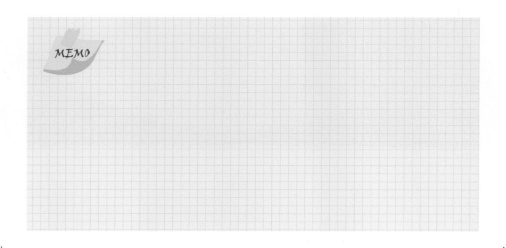

MEMO

鮮菇蟹肉湯

게살버섯수프

재료

〈주재료 및 부재료〉		〈양념 및 소스재료〉	
게살	70g	청주	1큰술
팽이버섯	1/4봉	육수	2컵
새송이버섯	1/2개	소금	1작은술
대파	1/4쪽	치킨파우더	1큰술
달걀 흰자	2개	후춧가루	1/4작은술
		물전분	3큰술
		참기름	1작은술

조리방법

1. 새송이버섯은 깨끗이 손질해 채썰고 팽이버섯은 깨끗이 손질한 다음 먹기 좋게 찢는다.

2. 대파도 깨끗이 손질한 다음 가늘게 채썬다.

3. 게살은 뼈를 제거하고 살을 빼내어 가늘게 팽이버섯 굵기로 찢어놓는다.

4. 팬에 청주와 육수를 붓고 썰어놓은 버섯과 게살을 넣고 끓인 다음 치킨파우더, 소금, 후춧가루를 넣고 간을 한다.

5. 물전분을 풀어서 걸쭉하게 만든 후 달걀 흰자를 풀어서 골고루 잘 저어준 다음 참기름을 넣고 마무리한다.

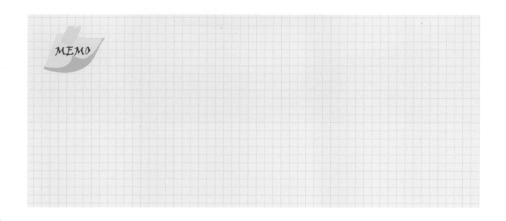

MEMO

鮮菇蟹肉湯

공보육정

재료

〈주재료 및 부재료〉		대파	1/2개	두반장	1작은술
돼지등심	180g	〈양념 및 소스재료〉		굴소스	1작은술
계란	1개	마늘	2개	후춧가루	1작은술
전분	1작은술	다진 생강	1/4작은술	물	2큰술
땅콩	20알	식용유	2컵	전분	1작은술
셀러리	1/2줄기	간장	1큰술	고추기름	2큰술
마른 고추	50g	설탕	1큰술	청주	1큰술

조리방법

1. 그릇에 간장 1큰술, 설탕 1큰술, 두반장 1작은술, 굴소스 1작은술, 후춧가루 1작은술, 물 2큰술, 전분 1작은술을 넣고 소스를 만든다.
2. 마른 고추는 씨를 제거하고 길이 2cm로 잘라놓는다.
3. 돼지등심은 힘줄과 기름을 제거하고 사방 1.5cm 크기로 썰어서 청주, 간장을 넣어 밑간을 하고, 계란, 전분을 넣고 버무려놓는다.
4. 셀러리도 1cm 크기로 썰고 대파, 마늘은 편으로 썰어 준비한다.
5. 팬에 기름을 2컵 정도 넣고 마른 고추와 등심을 같이 넣고 익힌다.
6. 땅콩과 셀러리도 같이 기름에 익혀낸 다음 걸러내서 기름을 빼준다.
7. 팬에 고추기름 2큰술, 대파, 생강, 마늘을 5초 정도 볶다가 청주를 넣는다.
8. 센 불에 익혀놓은 등심과 소스를 넣고 빠르게 같이 섞은 후 접시에 담는다.

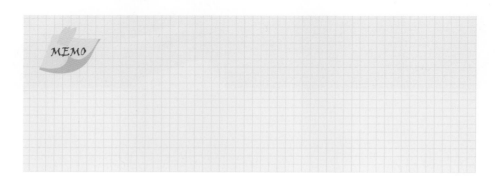

MEMO

涼拌海鮮
량반하이시엔(삼선냉채)

재료

〈주재료 및 부재료〉		당근	1개	따뜻한 물	30cc
새우	3마리	파슬리	40g	소금	5g
키조개살	1개	〈양념 및 소스재료〉		설탕	15g
전복	1개	대파	1개	식초	20cc
불린 해삼	1/2개	생강	1쪽	찬물	20cc
오이	1/2개	겨자분	15g	참기름	5cc

조리방법

1. 겨자는 따뜻한 물을 넣고 10분 정도 발효시킨 다음 나머지 분량의 소스와 섞어서 겨자소스를 만든다.
2. 새우는 이쑤시개 등을 이용해서 내장을 빼준다.
3. 끓는 물에 전복을 삶아서 찬물에 식힌다.
4. 해삼도 끓는 물에 살짝 데친 다음 식힌다.
5. 키조개살은 편으로 썬다.
6. 끓는 물에 대파, 생강, 소금을 넣고 키조개살을 살짝 데치고 새우도 삶은 다음 찬물에 식힌다.
7. 삶은 새우는 껍질을 제거하고 반으로 갈라서 사용한다.
8. 오이는 반으로 갈라서 편으로 썬다.
9. 모든 재료를 겨자소스와 함께 잘 버무린 다음 접시에 담는다.
10. 당근으로 꽃을 조각해서 파슬리와 같이 냉채 옆에 장식한다.

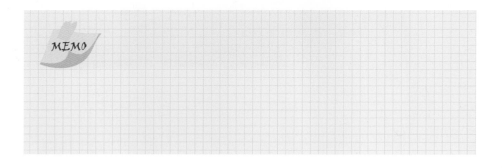

MEMO

紅燒釀豆腐

홍소양두부

🛒 재료

〈주재료 및 부재료〉		〈고기양념〉		간장	1큰술
두부	1모	청주	1큰술	굴소스	2큰술
돼지등심살	60g	간장	1작은술	노두유	1/5작은술
감자전분	100g	후춧가루	약간	후춧가루	약간
계란 흰자	1/2개	다진 생강	1/5작은술	참기름	1작은술
전분	1/2작은술	다진 대파	1작은술	물	400cc
〈양념 및 소스재료〉		〈소스〉		물전분	2~3큰술
식용유	1리터	청주	1큰술		

조리방법

1. 두부는 가로세로 3cm, 높이 2cm 정도 크기로 자른 다음 가운데 속을 동그랗게 파준다.
2. 파낸 두부 속에 마른 전분을 발라준다.
3. 돼지고기는 곱게 다진 다음 고기양념과 같이 잘 섞어 치대준다.
4. 치댄 고기는 파낸 두부 속에 넣고 기름에 노릇하게 튀겨준다.
5. 그릇에 청주, 간장, 물, 굴소스, 후춧가루, 노두유를 넣고 튀긴 두부를 넣고 5분 정도 쪄준다. (팬에 넣고 조려도 된다.)
6. 쪄낸 두부를 접시에 담고 소스간에 다시 확인한 다음 물전분을 풀어서 걸쭉하게 만든다.
7. 걸쭉한 소스에 참기름을 넣고 두부 위에 뿌려준다.

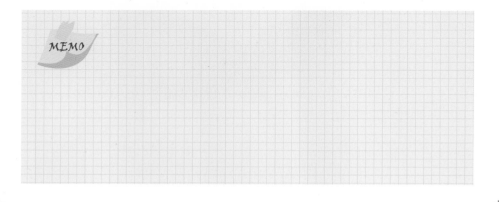

MEMO

Chinese Food

宮保鷄丁
공보기정

🍳 재료

〈주재료 및 부재료〉		〈양념 및 소스재료〉		물	2큰술
닭다리	1.5개	마늘	2개	전분	1작은술
계란	1개	생강	약간	참기름	1작은술
전분	1작은술	식용유	2컵	고춧가루	20g
캐슈넛	20알	〈소스〉		청주	1큰술
셀러리	1줄기	간장 · 굴소스 · 설탕 ·			
마른 고추	50g	두반장	1큰술씩		
대파	1/2개	후춧가루	1작은술		

조리방법

1. 마른 고추는 씨를 빼고 길이 2cm 정도로 잘라서 준비한다.
2. 고춧가루는 기름 50cc 정도를 뜨겁게 달군 다음 부어서 고추기름을 만든다.
3. 소스는 분량대로 그릇에 담아서 잘 섞어놓는다.
4. 닭다리는 뼈를 제거하고 살코기로 준비한다.
5. 닭다리살은 사방 1.5cm 크기로 썰어서 계란, 전분을 넣고 버무려놓는다.
6. 셀러리도 1cm 크기로 썰고 대파, 생강, 마늘은 편으로 썰어 준비한다.
7. 팬에 기름을 2컵 정도 넣고 마른 고추와 닭고기를 같이 넣고 익힌다.
8. 다시 캐슈넛과 셀러리도 같이 기름에 익혀낸 다음 걸러내서 기름을 빼준다.
9. 팬에 고추기름 2큰술, 대파, 생강, 마늘을 5초 정도 볶다가 청주를 넣는다.
10. 익혀놓은 닭고기 등과 소스를 넣고 빠르게 같이 섞어내면 완성된다.

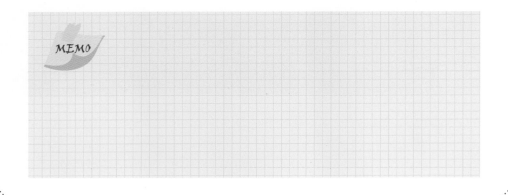

MEMO

拔絲香蕉

빠스바나나

재 료

〈주재료 및 부재료〉		〈양념 및 소스재료〉	
바나나	2개	설탕	50g
달걀 흰자	1개	식용유	1,000cc
중력밀가루	200g		

조리방법

1. 접시에 기름을 발라 준비한다.
2. 바나나는 다각형으로 길이 3~4cm, 넓이 2cm 정도로 썬다.
3. 바나나에 계란 흰자를 넣고 잘 버무린 다음 밀가루를 묻혀준다.
4. 뜨거운 물을 살짝 뿌린 다음 다시 밀가루를 발라 손으로 살짝 눌러서 밀가루가 잘 묻게 한다.
5. 반복해서 3, 4차례 뜨거운 물을 붓고 밀가루를 묻혀준다.
6. 팬에 기름을 넣고 170℃가 되면 바나나를 넣고 튀긴다.
7. 동시에 팬에 기름과 설탕을 넣고 시럽을 만든 다음 튀긴 바나나를 넣고 잘 버무려준다.
8. 미리 준비한 기름 묻힌 접시에 바나나를 담고 달라붙지 않도록 식힌다.
9. 식으면 다시 깨끗한 접시에 담는다.

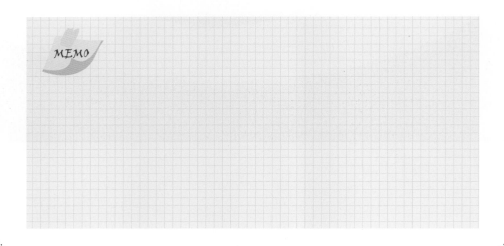

MEMO

芙蓉蟹肉

부용게살

![재료 아이콘] 재 료

〈주재료 및 부재료〉		〈양념 및 소스재료〉		청주	1큰술
게살	70g	대파	1/4개	소금	1작은술
팽이버섯	1/5봉	다진 생강	1/4작은술	육수	3큰술
브로콜리	100g	다진 마늘	1작은술	설탕	1/4작은술
달걀 흰자	4개	소금	1/4작은술	물전분	1큰술
생크림	2큰술	식용유	2컵	식용유	1/4작은술

조리방법

1. 게살은 속뼈를 제거하여 잘게 뜯어놓고 팽이버섯은 뿌리를 잘라놓는다.
2. 브로콜리는 사방 2cm 크기로 잘라서 끓는 물에 식용유와 소금을 넣고 데쳐낸 다음 접시에 담는다.
3. 대파, 생강, 마늘은 잘게 썰어 준비한다.
4. 달걀 흰자와 생크림을 잘 섞어놓는다.
5. 팬에 식용유를 넣고 160℃로 가열한 다음 섞어놓은 달걀 흰자와 생크림을 넣고 튀겨서 건져내어 기름기를 빼준다.
6. 팬에 식용유 1큰술을 넣고 대파, 생강, 마늘을 볶은 다음 청주를 붓는다.
7. ⑥에 육수, 게살, 소금, 설탕을 넣고 5초쯤 볶다가 물전분을 풀고 튀긴 달걀 흰자를 넣어서 볶아준 다음 브로콜리 옆에 담아준다.

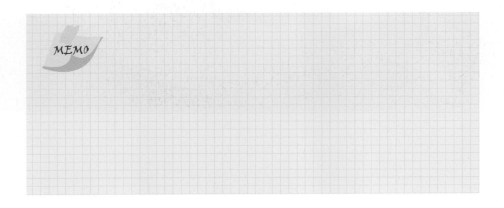

MEMO

酸辣湯
산라탕

재료

〈주재료 및 부재료〉

대파	1/3개
팽이버섯	1/4봉
돼지고기	30g
불린 해삼	30g
죽순	20g
표고버섯	1개
두부	50g
달걀	1개

〈양념 및 소스재료〉

청주	1큰술
간장	1큰술
굴소스	1큰술
설탕	1/4작은술
후춧가루	1작은술
식초	2큰술
고추기름	1큰술
육수	2컵
물전분	3큰술

조리방법

1. 돼지고기, 불린 해삼, 죽순, 표고버섯, 두부는 채로 썰고 끓는 물에 데쳐놓는다.
2. 대파는 채썰고 팽이버섯은 뿌리를 잘라놓는다.
3. 팬에 청주 1큰술, 간장 1큰술, 굴소스 1큰술, 설탕 1/4작은술, 후춧가루 1작은술, 식초 2큰술, 육수 2컵을 넣고 끓인 다음 물전분을 풀어준다.
4. ③을 살짝 걸쭉하게 만들어서 달걀을 골고루 풀어준 다음 데친 재료와 팽이버섯, 대파를 같이 넣고 살짝 끓여낸다.
5. 그릇에 담고 위에 고추기름을 뿌려준다.

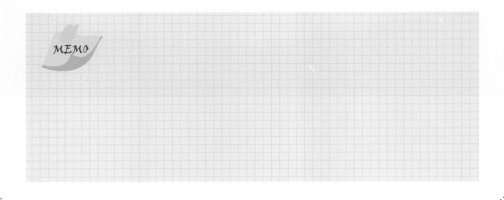

MEMO

拔絲百果

빠스은행

재료

〈주재료 및 부재료〉		〈양념 및 소스재료〉	
은행	30알	설탕	3큰술
계란 흰자	1/2개	식용유	3컵
밀가루	2컵		

조리방법

1. 은행은 삶거나 기름에 볶아서 껍집을 벗긴다.
2. 껍질 벗긴 은행을 계란 흰자로 버무린 다음 밀가루를 묻힌다.
3. 뜨거운 물을 살짝 뿌리고 적신 다음 다시 밀가루를 발라서 손으로 꼭꼭 눌러 잘 묻게 한다.
4. 밀가루와 뜨거운 물을 2~3회 반복하여 두툼하게 밀가루를 묻혀준 다음 170℃의 기름에 튀긴다.
5. 동시에 팬에 식용유 2큰술, 설탕 2큰술을 넣고 시럽을 만든 다음 튀긴 은행을 넣고 버무려낸다.
6. 접시에 기름을 약간 바르고 시럽에 버무린 은행을 넣고 달라붙지 않도록 떼어낸다.
7. 다른 접시에 옮겨 담아낸다.

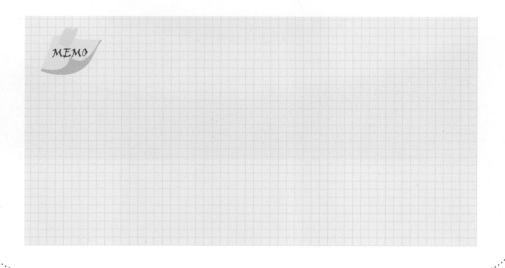

MEMO

紅燒三絲魚翅

홍소삼슬어츠

재료

〈주재료 및 부재료〉		〈양념 및 소스재료〉		청주	1큰술
샥스핀	50g	대파 · 생강 · 마늘	약간씩	간장	1작은술
불린 해삼	70g	식용유	2큰술	굴소스	1작은술
죽순	50g	청주	1큰술	육수	2/3컵
표고버섯	3개	간장	1작은술	물전분	1큰술
작은 새우	8마리	굴소스	1큰술	참기름	1작은술
쇠고기	50g	후춧가루	1/4작은술	식용유	2큰술
팽이버섯	1/4봉	물전분	2큰술		

조리방법

1. 쇠고기는 채로 썰고 새우는 등쪽 내장을 빼고 전분을 살짝 넣고 버무려서 기름에 익혀놓는다.
2. 죽순, 표고버섯, 불린 해삼은 채로 썰어서 끓는 물에 데쳐서 물기를 빼둔다.
3. 팽이버섯은 뿌리를 잘라놓는다.
4. 팬에 식용유를 넣고 대파, 생강, 마늘을 잘게 썰어 볶다가 청주, 간장을 부어준다.
5. 데쳐놓은 재료와 굴소스, 후춧가루를 넣고 익혀놓은 고기와 새우, 팽이버섯도 같이 볶아준다.
6. 물전분을 풀어서 접시에 담고 샥스핀을 데쳐서 그 위에 올려준다.
7. 다시 팬에 식용유 2큰술, 청주, 간장, 굴소스, 육수를 넣고 끓이다가 물전분을 풀어서 걸쭉하게 보글보글 끓인 다음 참기름을 넣고 샥스핀 위에 뿌려준다.

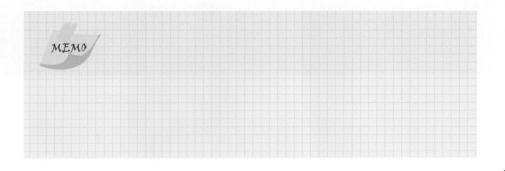

MEMO

海粉魚翅

게살샥스핀요리

재료

〈주재료 및 부재료〉		〈양념 및 소스재료〉		치킨파우더	1큰술
샥스핀	50g	대파 · 생강 · 마늘	약간씩	육수	2/3컵
불린 해삼	60g	식용유	2큰술	물전분	1큰술
죽순	50g	간장	1작은술	참기름	1작은술
표고버섯	2개	굴소스	1큰술	청주	1큰술
작은 새우	6마리	후춧가루	1/4작은술	식용유	1큰술
게살	50g	물전분	2큰술		
달걀 흰자	1개	청주	1큰술		

조리방법

1. 죽순, 표고버섯, 불린 해삼은 채로 썰고 새우는 등쪽 내장을 빼고 끓는 물에 데쳐서 물기를 빼둔다.
2. 팽이버섯은 뿌리를 잘라놓는다.
3. 팬에 식용유를 넣고 대파, 생강, 마늘을 잘게 썰어 볶다가 청주, 간장을 넣고 데쳐놓은 재료를 볶는다.
4. 굴소스, 후춧가루를 넣고 팽이버섯도 같이 볶아준 다음 물전분을 풀어서 접시에 담는다.
5. 다시 팬에 식용유 1큰술을 넣고 대파, 생강, 마늘을 볶고 청주와 육수를 부어준다.
6. 게살과 샥스핀을 넣고 치킨파우더로 간을 해서 물전분을 풀고 달걀 흰자도 넣고 잘 섞어준다.
7. 소스가 완성되면 볶음요리 위에 부어준다.

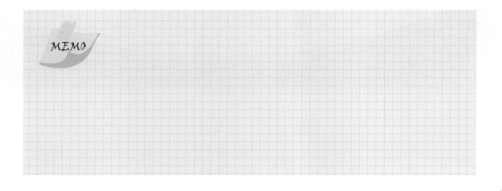

MEMO

核挑鷄丁

호두닭고기볶음

재료

〈주재료 및 부재료〉		생강	약간
닭다리살	200g	식용유	1컵
계란	1개	청주	1큰술
전분	1작은술	간장	1큰술
호두	20알	굴소스	1큰술
죽순	50g	후춧가루	1/4작은술
표고버섯	1개	육수	3큰술
〈양념 및 소스재료〉		물전분	1큰술
대파	1/2개	참기름	1작은술
마늘	2개	식용유	2큰술

조리방법

1. 닭다리살은 사방 1.5cm 크기로 썰어서 청주, 간장을 약간씩 넣고 버무린다.

2. 양념해둔 닭고기에 다시 계란, 전분을 넣고 잘 버무려서 기름에 넣어 익히고 호두도 튀겨 낸다.

3. 표고버섯, 죽순은 1.5cm 크기로 썰고, 대파, 생강, 마늘은 편으로 썰어 준비한다.

4. 팬에 식용유 2큰술을 넣고 대파, 생강, 마늘을 5초 정도 볶은 뒤 청주와 간장, 죽순, 표고버 섯을 넣고 볶는다.

5. 닭다리살과 호두, 육수, 굴소스, 후춧가루를 넣고 볶는다.

6. 물전분을 풀어서 걸쭉하게 한 다음 참기름으로 마무리한다.

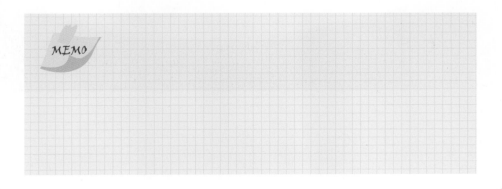

MEMO

三品冷盤

삼품냉채

재료

〈주재료 및 부재료〉		〈양념 및 소스재료〉		겨자	1큰술
해파리	100g	마늘	2개	따뜻한 물	2큰술
송화단	1개	설탕	1큰술	물	2큰술
중새우	4마리	식초	1큰술	식초	1큰술
오이	1개	물	2큰술	소금	1작은술
당근	1/2개	소금	1작은술	참기름	1작은술
파슬리	20g	간장	1작은술	설탕	1큰술

조리방법

1. 해파리는 물에 담가 짠물을 빼준 다음 끓는 물에 살짝 데쳐서 다시 찬물에 씻어 담가놓는다.

2. 겨잣가루와 따뜻한 물을 섞고 약 10분 정도 두어 발효시킨 다음 물 2큰술, 식초 1큰술, 설탕 1큰술, 소금 1작은술, 참기름 1작은술을 넣고 겨자소스를 만든다.

3. 설탕 1큰술, 식초 1큰술, 물 2큰술, 소금 1작은술, 간장 1작은술로 소스를 만든 다음 마늘을 다져 넣고 마늘소스를 만든다.

4. 새우는 끓는 물에 소금을 넣고 삶아서 차게 한 다음 껍질을 제거하고 반으로 갈라 내장을 제거한다.

5. 오이 1/4은 반을 갈라 편으로 썰어 접시에 깔고 위에 새우를 올린다. 나머지 오이는 채로 썬다.

6. 송화단은 삶거나 스팀에 뚜껑 열고 5분 정도 쪄서 식힌 다음 8등분을 하고 접시에 올린다.

7. 해파리는 물기와 소금기를 빼고 오이채와 섞어서 접시에 올려놓는다.

8. 중간쯤에 파슬리와 당근을 꽃모양으로 깎아서 올려준다.

9. 해파리에 마늘소스를 올리고 새우는 겨자소스를 올려준다.

MEMO

Chinese Food

五品冷盤

오품냉채

재료

〈주재료 및 부재료〉		당근	1/2개	간장	1작은술	케첩	1큰술
아롱사태	200g	파슬리	20g	겨자	1큰술	설탕	1작은술
해파리	100g	〈양념 및 소스재료〉		따뜻한 물	2큰술	고추기름	1큰술
송화단	1개	마늘	2개	물	2큰술	팔각	2개
중새우	4마리	설탕	1큰술	식초	1큰술	소금	1/4작은술
오이	1개	식초	1큰술	설탕	1큰술	마늘	1개
관자	1개	물	2큰술	소금	1작은술		
전복	1개	소금	1작은술	참기름	1작은술		

조리방법

1. 해파리는 물에 담가 짠물을 빼준 다음 끓는 물에 살짝 데쳐 다시 찬물에 씻어 담가놓는다.
2. 겨잣가루와 따뜻한 물을 섞고 약 10분 정도 두어 발효시킨 다음 물 2큰술, 식초 1큰술, 설탕 1큰술, 소금 1작은술, 참기름 1작은술을 넣고 겨자소스를 만든다.
3. 설탕 1큰술, 식초 1큰술, 물 2큰술, 소금 1작은술, 간장 1작은술로 소스를 만든 다음 마늘을 다져 넣고 마늘소스를 만든다.
4. 케첩 1큰술, 설탕 1작은술, 소금 1/4작은술, 고추기름 1큰술을 섞어서 마늘을 다져넣고 케첩소스를 만든다.
5. 전복은 삶아서 편으로 뜨고 관자는 편으로 떠서 끓는 물에 데친다.
6. 새우는 끓는 물에 소금을 넣고 삶아서 차게 한 다음 껍질을 제거하고 반으로 갈라 내장을 제거한다.
7. 오이 1/2은 반을 갈라 편으로 썰어 접시 3곳에 깔고 각각 위에 전복, 관자, 새우를 올린다. 나머지 오이는 채로 썬다.
8. 송화단은 삶거나 스팀에 뚜껑 열고 5분 정도 쪄서 식힌 다음 8등분을 하고 접시에 올린다.
9. 해파리는 물기와 소금기를 빼고 오이채와 섞어서 접시에 올려놓는다.
10. 중간쯤에 파슬리와 당근을 꽃모양으로 깎아서 올려준다.
11. 해파리에 마늘소스를 올리고 관자와 새우에는 겨자소스를 올려준다. 전복은 케첩소스를 올려낸다.

MEMO

*아롱사태(오향장육)가 나오는 경우
돼지아롱사태 150g (물 1500cc, 간장 150cc, 굴소스 2큰술, 설탕 3큰술, 팔각 2개, 대파 2개, 생강 2개)

1. 아롱사태를 먼저 끓는 물에 20분 정도 삶아서 핏물을 빼준 다음 잘 씻어둔다.
2. 팬(혹은 큰 냄비)에 위의 소스재료를 넣고 삶은 사태와 돼지껍질을 넣는다.
3. 약한 불에 1시간 정도 서서히 졸여주고 건져내서 식혀 썰어준 다음 장육소스, 고추기름과 섞어서 살짝 부어준다.

三仙豆瓣豆腐

삼선두반두부

재료

〈주재료 및 부재료〉		해삼	60g	청주	1큰술
일반두부	1모	청피망	1/3개	간장	1큰술
돼지고기	50g	홍피망	1/3개	굴소스	1큰술
죽순	30g	〈양념 및 소스재료〉		두반장	1작은술
표고버섯	2개	마늘	2개	후춧가루	1/4작은술
대파	1/2쪽	생강	1쪽	육수	1컵
중새우	3마리	튀김식용유	2컵	물전분	3작은술
관자	1개	고추기름	2큰술	참기름	1큰술

조리방법

1. 두부는 물기를 제거한 다음 굵기 1cm, 사방 5cm 삼각형으로 일정하게 썬 다음 기름에 노릇하게 튀겨낸다.
2. 관자, 해삼, 죽순, 표고버섯, 청 · 홍피망을 편으로 썰어서 같이 데친다.
3. 고기는 편으로 썰고 중새우는 등을 갈라서 내장을 빼주고 같이 전분을 약간 넣고 버무려서 기름에 익힌다.
4. 대파, 생강, 마늘은 잘게 편으로 썬다.
5. 팬에 고추기름을 2큰술 두르고 대파, 생강, 마늘을 넣고 볶는다.
6. 두반장, 청주, 간장을 1큰술씩 넣고 데친 재료를 넣고 30초 정도 볶다가 육수를 붓는다.
7. 먼저 익힌 고기와 새우, 굴소스, 후춧가루를 넣고 튀긴 두부도 넣어주고 살짝 볶아낸다.
8. 물전분을 넣어 걸쭉하게 풀어준 다음 참기름을 넣고 접시에 담는다.

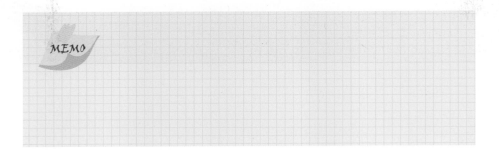

MEMO

蒸餃子

찐만두

재료

〈주재료 및 부재료〉		〈양념 및 소스재료〉	
밀가루	400g	파	1/2개
소금	1/5작은술	다진 생강	1/5작은술
돼지고기	50g	청주 · 간장	1큰술
부추	40g	굴소스	1큰술
		참기름	1작은술

조리방법

1. 밀가루 200g에 소금 1/5작은술, 뜨거운 물을 95g 정도 부어 반죽한다.
2. 다진 돼지고기, 생강, 잘게 썬 부추, 파와 같이 섞는다.
3. 청주, 간장, 굴소스, 참기름을 넣고 잘 버무려 만두소를 준비한다.
4. 반죽을 여러 번 치댄 후 약간 발효시켜 돌돌 말아 직경 2cm 정도의 긴 원형모양을 만든다.
5. 다시 1.5cm씩 손가락으로 뚝뚝 떼어 밀가루를 바닥에 뿌려놓고 떼낸 부분을 손바닥으로 납작하게 눌러준다.
6. 납작해진 반죽을 지름이 약 7cm가 되도록 밀대로 민다.
7. 만두피에 만두소를 한 스푼 정도 넣은 다음 왼손바닥에 올려놓고 오른쪽 엄지와 검지로 꾹꾹 눌러 만두무늬를 내준다.
8. 만두를 8개 정도 만든 다음 스팀에 6~8분 정도 쪄서 낸다.

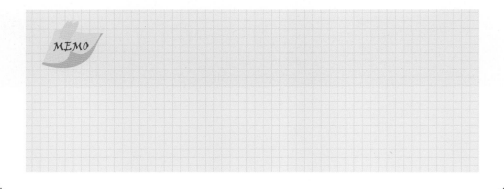

MEMO

蝦仁丸子

새우완자

재료

〈주재료 및 부재료〉		마늘	2개
새우	200g	식용유	2컵
죽순	50g	청주	1큰술
표고버섯	2개	간장	1큰술
청경채	1개	굴소스	1큰술
대파	1/2개	후춧가루	1/4작은술
달걀	1개	참기름	1작은술
전분	2큰술	물전분	2큰술
〈양념 및 소스재료〉		육수	1컵
생강	1쪽		

조리방법

1. 새우는 내장을 제거하고 다진 후 소금, 달걀 흰자와 전분을 넣고 약 1분 이상 잘 치댄다.
2. 표고버섯, 죽순, 청경채는 길이 3cm 정도 편으로 썰고 대파, 생강, 마늘은 작은 편으로 썬다.
3. 치댄 새우살은 직경 3cm로 완자를 빚어 기름에 튀긴다.
4. 팬에 식용유 2큰술을 넣고 대파, 생강, 마늘을 볶아준다.
5. 청주, 간장을 넣고 표고버섯, 죽순, 청경채를 살짝 볶다가 육수를 붓는다.
6. 튀겨놓은 새우완자를 넣고 굴소스, 후춧가루로 간을 하고 살짝 조린다.
7. 물전분을 풀어서 걸쭉하게 한 다음 참기름을 넣고 접시에 담는다.

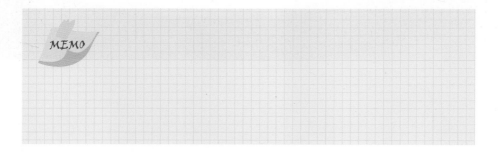

MEMO

Chinese Food

魚香肉絲

어향육사

🧺 재 료

〈주재료 및 부재료〉		생강	1쪽
돼지고기	100g	고추기름	2큰술
죽순	30g	청주	1큰술
표고버섯	2개	간장	1큰술
셀러리	1/2개	굴소스	1큰술
홍고추	1개	설탕	1큰술
달걀	1/2개	식초	1큰술
전분	1작은술	두반장	1작은술
〈양념 및 소스재료〉		육수	2큰술
대파	1/2개	물전분	1큰술
마늘	1개		

조리방법

1. 죽순, 표고버섯, 셀러리, 홍고추는 모두 채썬다.
2. 대파, 마늘, 생강도 잘게 채썬다.
3. 돼지고기는 채썰어 청주, 간장으로 밑간한 뒤 전분, 달걀 흰자를 넣고 잘 버무려서 기름에 익혀낸다.
4. 팬에 고추기름 2큰술을 넣고 대파, 마늘, 생강을 넣고 볶는다.
5. 청주, 간장, 두반장을 넣고 나머지 채소를 넣고 볶다가 육수, 굴소스, 설탕, 식초, 후춧가루로 간을 한다.
6. 먼저 익힌 고기를 넣고 약 10초 정도 더 볶은 다음 물전분을 풀고 접시에 담는다.

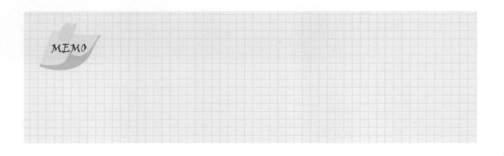

MEMO

Chinese Food

鍋粑蝦球

새우누룽지탕

재료

〈주재료 및 부재료〉		생강	1쪽
중새우	10마리	누룽지	4개
완두콩	15g	식용유	3컵
초고버섯	4개	청주	1큰술
당근	60g	케첩	4큰술
대파	1/3개	설탕	4큰술
달걀	1/2개	소금	1작은술
전분	1큰술	육수	3컵
〈양념 및 소스재료〉		물전분	2큰술
마늘	1개	식용유	2큰술

조리방법

1. 새우는 등을 갈라서 내장을 제거한 뒤 달걀, 전분을 넣고 잘 버무려서 150℃의 기름에 튀겨 낸다.
2. 초고버섯은 반으로 가르고 당근은 편으로 썬다. 대파, 생강, 마늘은 작은 편으로 썬다.
3. 팬에 식용유를 2큰술 넣고 대파, 생강, 마늘을 5초 정도 볶고 나머지 채소와 케첩을 넣고 5초 정도 더 볶는다.
4. 육수와 설탕, 소금을 넣고 끓으면 먼저 익힌 새우도 같이 넣고 물전분을 풀어 걸쭉하게 소스를 만든다.
5. 누룽지는 180℃에 튀겨내서 그릇에 담고 먼저 만든 소스를 부어준다.

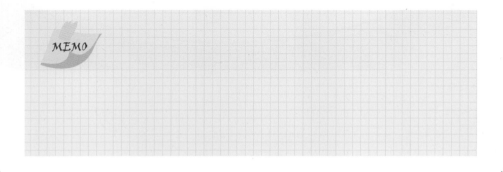

MEMO

爆雙鮮

두 가지 해물볶음

재료

〈주재료 및 부재료〉

오징어살	1개
키조개살	3개
홍고추	1개
브로콜리	4쪽
표고버섯	2개
죽순	1/2개
대파	1/3개

〈양념 및 소스재료〉

마늘	2개

생강	1쪽
식용유	1컵
청주	1큰술
간장	1큰술
굴소스	1큰술
후춧가루	1/4작은술
육수	3큰술
전분	1작은술
참기름	1작은술

조리방법

1. 오징어살과 키조개살은 빗살무늬로 모양을 내서 잘라놓는다.
2. 홍고추, 표고버섯, 죽순, 브로콜리는 2cm 크기로 잘라서 데쳐놓는다.
3. 대파는 반으로 갈라 2cm로 자르고 생강, 마늘은 편으로 썬다.
4. 기름은 170℃에 오징어살과 키조개살을 기름에 튀겨서 익혀놓는다.
5. 그릇에 간장 1큰술, 굴소스 1큰술, 후춧가루 1/4작은술, 육수 3큰술, 전분 1작은술을 넣고 잘 섞는다.
6. 팬에 식용유 2큰술을 넣고 대파, 생강, 마늘을 볶다가 청주를 넣는다.
7. 데친 재료와 기름에 튀긴 재료, 소스를 넣고 빠르게 볶아낸다.
8. 참기름을 넣고 접시에 담는다.

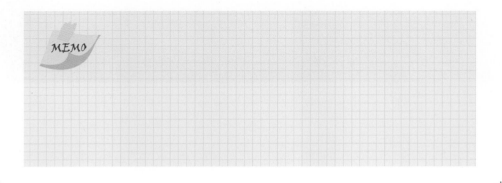

MEMO

芙蓉干貝

부용관자

🥢 재 료

〈주재료 및 부재료〉		〈양념 및 소스재료〉	
마른 관자	2개	물	1컵
달걀	4개	청주	1큰술
물전분	1작은술	소금	1/4작은술
		치킨파우더	1/4작은술
		육수	2컵

조리방법

1. 달걀과 물을 3 : 2 비율로 넣고 물전분도 넣고 잘 섞어서 스팀에 뚜껑을 약간 열고 10분 정도 쪄서 계란찜을 만든다.

2. 마른 관자는 잘 풀어 물에 담가서 불린 다음 계란찜 위에 올려놓는다.

3. 팬에 청주, 육수, 소금, 치킨파우더를 넣고 끓인 다음 부어준다.

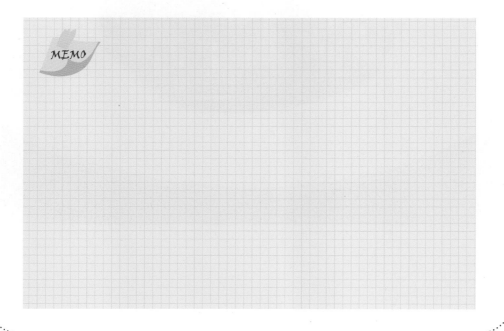

MEMO

Chinese Food

家常海參
가상해삼

재료

〈주재료 및 부재료〉		고추기름	2큰술
불린 해삼	300g	청주	1큰술
돼지고기	50g	두반장	1작은술
죽순	1/2개	굴소스	1큰술
청경채	1개	후춧가루	1/4작은술
〈양념 및 소스재료〉		노두유	1/4작은술
대파	1/3개	육수	3큰술
마늘	1개	물전분	2큰술
생강	1쪽		

조리방법

1. 불린 해삼은 2cm*6cm 크기로 썰고, 죽순은 편으로 청경채는 길이 4cm로 잘라서 끓는 물에 데쳐놓는다.
2. 돼지고기는 잘게 썰어놓고 대파, 마늘, 생강은 잘게 편으로 썬다.
3. 팬에 고추기름을 넣고 썬 고기와 대파, 생강, 마늘을 볶아준다.
4. 청주, 간장, 두반장을 넣고 데친 해삼 등을 같이 볶다가 굴소스, 후춧가루, 노두유, 육수를 넣는다.
5. 10초 정도 더 볶고 물전분을 풀어서 걸쭉하게 한 다음 접시에 담는다.

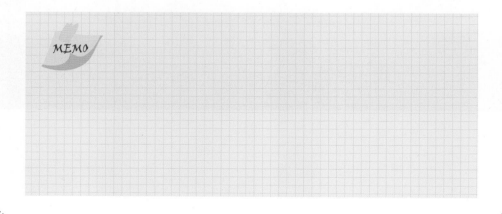

MEMO

Chinese Food

鍋塔鷄

꿔타기

재료

〈주재료 및 부재료〉		〈양념 및 소스재료〉		청주	1큰술
닭다리살	2개	소금	1/4작은술	간장	1큰술
죽순	50g	후춧가루	1/4작은술	굴소스	1큰술
표고버섯	2개	식용유	2컵	설탕	1/4작은술
홍고추	1개	대파	1/4개	육수	1/2컵
풋고추	1개	마늘	2개	참기름	1작은술
전분	1/2컵	생강	1쪽	후춧가루	1/4작은술
달걀	1개	식용유	2큰술	청주	1큰술

조리방법

1. 닭다리살은 얇게 편으로 칼질하고 청주, 소금, 후춧가루를 넣고 밑간한 다음 계란, 전분을 넣고 튀김옷을 입힌다.
2. 식용유 170℃에 닭다리살을 넣고 3분 정도 튀겨낸다.
3. 모든 재료는 채로 썰어 준비한다.
4. 팬에 식용유를 두르고 대파, 생강, 마늘을 볶다가 청주, 간장을 넣는다.
5. 나머지 채소를 넣고 볶다가 육수, 굴소스 1큰술, 후춧가루 1/4작은술, 설탕 1/4작은술, 튀긴 닭고기도 같이 넣고 볶는다.
6. 1분 정도 볶아서 간이 배면 참기름을 넣고 닭고기를 꺼내서 1.5cm 굵기로 썰어 접시에 올려놓는다.
7. 팬에 있는 채소를 닭고기 위에 올려준다.

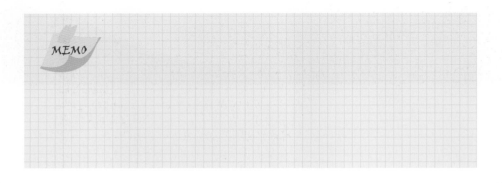

MEMO

翡翠湯

비취채소탕

재료

〈주재료 및 부재료〉		〈양념 및 소스재료〉	
시금치	70g	청주	1큰술
죽순	50g	치킨파우더	1작은술
표고버섯	1쪽	소금	1작은술
		육수	2컵
		물전분	3큰술

조리방법

1. 시금치는 물에 데쳐서 물기를 뺀 다음 아주 곱게 갈거나 다진다.
2. 죽순, 표고버섯은 편으로 썬다.
3. 팬에 청주, 육수, 시금치, 소금, 치킨파우더를 넣고 끓인다.
4. ③이 끓으면 죽순과 표고버섯을 넣고 바로 물전분을 풀어서 걸쭉하게 낸다.

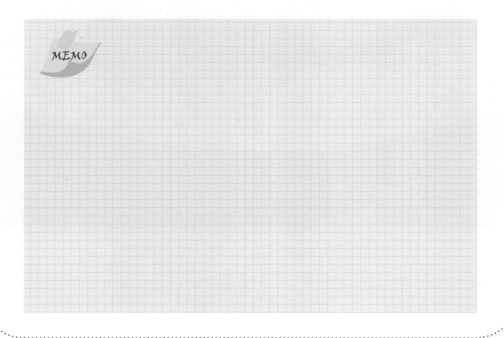

MEMO

Chinese Food

炸大蝦

왕새우튀김

재료

〈주재료 및 부재료〉

왕새우	2마리
전분	3큰술
달걀	1개

〈양념 및 소스재료〉

소금	1/4작은술
후춧가루	1/4작은술
청주	1큰술
식용유	2컵

조리방법

1. 왕새우는 등을 갈라서 내장을 뺀 후 칼로 새우를 납작하게 쳐준다.
2. 갈라낸 등 부분에 소금, 청주, 후춧가루를 뿌려서 밑간을 한다.
3. 위에 다시 달걀과 전분을 넣고 튀김옷을 만들어 속살 부분에 발라준다.
4. 꼬치로 새우꼬리부터 머리까지 꿰어 머리가 떨어지지 않도록 하여 기름에 튀겨낸다.
5. 튀겨낸 새우는 청주와 소금, 후춧가루를 넣고 불을 켜 달군 팬에 한 번 쌀짝 익힌 다음 꼬치를 빼서 접시에 올린다.

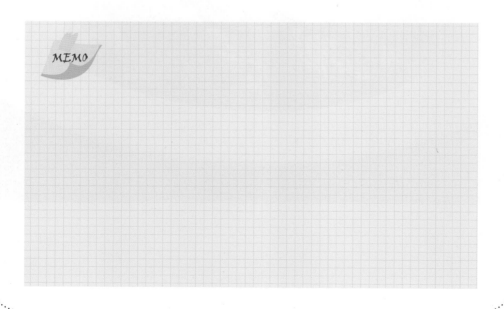

MEMO

Chinese Food

東坡肉

동파육

재료

〈주재료 및 부재료〉		소금	1작은술	후춧가루	1/4작은술
삼겹살	300g	식용유	2컵	물전분	2큰술
대파	1개	물	500cc	참기름	1큰술
팔각	1개	청주	1큰술	소금	1큰술
청경채	4개	간장	4큰술	식용유 · 참기름	1큰술
〈양념 및 소스재료〉		설탕	1큰술	청주	1큰술
생강	1개	치킨파우더	1큰술		
마늘	3개	노두유	1큰술		

조리방법

1. 삼겹살은 먼저 끓는 물에 30분 정도 삶아서 기름기를 빼준 다음 간장을 발라서 기름에 진한 갈색이 나오도록 튀겨낸다.

2. 튀긴 고기는 굵기 1.5cm, 넓이 4~5cm로 썰고 그릇에 담아 대파, 생강, 마늘, 팔각을 올려놓는다.

3. 물 500cc, 청주 1큰술, 간장 4큰술, 설탕 1큰술, 치킨파우더 1큰술, 노두유 1큰술, 후춧가루 1/4작은술을 삼겹살 등과 같이 약 90분간 스팀에 쪄낸다.

4. 끓는 물에 소금, 식용유를 약간 넣고 청경채를 데쳐서 접시에 함께 담고 쪄낸 고기도 같이 담아낸다.

5. 팬에 청주 1큰술을 넣고 쪄낸 소스를 200cc 정도 붓고 끓으면 물전분을 풀어서 소스를 만든 다음 참기름을 넣고 고기 위에 뿌려낸다.

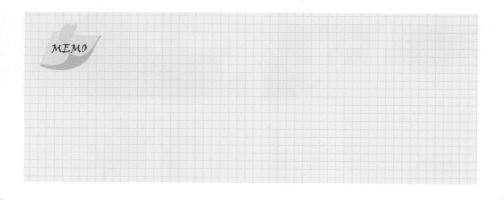

MEMO

Chinese Food

北京烤鴨

북경오리

재료

〈주재료 및 부재료〉		오이	1개	소금	10g
통오리	1마리	대파	3대	식초	3큰술
오향분	10g	〈양념 및 소스재료〉		춘장	50g
밀가루	200g	물	200cc	청주	약간
사과	1개	물엿	3큰술	설탕	2큰술
레몬	1/2개	고량주	1,000cc	참기름	약간

조리방법

1. 통오리는 내장과 안쪽의 기름을 제거하여 깨끗이 씻어 안쪽에 공기를 불어넣어 통통하게 한 뒤, 양쪽 날개 부분에 쇠고리를 걸어 물기를 빼고 오향분과 소금을 섞어 오리 안쪽에 골고루 묻혀 30분간 밑간하여 다시 뒤집어 30분간 간이 스며들게 한다.

2. 밑간된 통오리를 쇠고리에 건 채 끓는 물을 오리껍질의 오물이 제거되도록 살짝 데쳐질 정도로 끼얹은 후 팬에 물, 물엿, 고량주, 소금, 식초, 사과, 레몬을 넣고 끓여 두세 번 넣었다 뺐다 하여 오리껍질 부분에 골고루 배도록 소스를 바른다.

3. 소스를 충분히 묻힌 통오리를 통풍이 잘되는 곳에 10시간 정도 걸어 숙성시키면서 물기와 기름, 핏물 등이 빠지면 오리구이통에 1시간 정도 노릇하게 구워낸다.

4. 밀전병은 밀가루를 끓는 물에 익반죽한 뒤 젖은 면보로 덮어두었다가 다시 잘 치대어 가래떡처럼 길게 늘려 밤알만큼씩 잘라 둥글고 얇게(직경 10cm) 만들어 참기름을 바르고 두 장씩 붙여 밀면 더 얇게 밀어지며, 마른 팬에 중불로 익힐 때 한 번 뒤집어주면 부풀면서 두 장으로 쉽게 분리된다.

5. 오이와 대파는 길이 5cm 정도의 채로 썰어 오리고기와 함께 싸먹도록 준비하고 춘장은 청주, 설탕, 참기름, 조미료 약간을 섞어 잘 저어 불에 조려 준비한다.

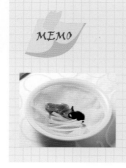

MEMO

오리요리 제공과 먹는 법
1. 조리된 오리는 고객에게 먼저 선을 보이는 게 보통이다.
2. 잘 구워낸 오리는 칼로 넓이 3cm×5cm 정도 크기로 껍질을 한 쪽씩 썰어 준비한다.
3. 접시에 한 장씩 깔린 밀전병 위에 파, 오이채를 조금 얹고 오리소스를 적당히 발라 다시 썰어놓은 오리껍질 한 쪽을 올려 덮고 손으로 말아 먹는다.

우럭찜

재료

〈주재료 및 부재료〉		간장	60cc
우럭	1마리	육수	100cc
대파	3대	청주	2큰술
고수	20g	파기름	3큰술
〈양념 및 소스재료〉		조미료	약간
생강	1쪽	설탕	약간
소금	약간		

조리방법

1. 대파는 약 6cm 길이의 가는 채로 썰어 준비하고, 고수(향채)의 굵은 줄기는 버리고 연한 줄기와 잎을 먹기 좋게 다듬어 씻어서 준비한다.

2. 우럭은 비늘을 벗겨 아가미를 손질하고, 아가미 속으로 나무젓가락을 넣어 내장을 꺼낸 다음 깨끗이 씻어 가운데 뼈부분의 옆으로 속까지 잘 익게 칼집을 내고 나무젓가락을 몇 개 깔고 그 위에 우럭을 얹어 대파 부스러기와 생강은 편으로 썰고 청주, 소금으로 밑간하여 찜솥에 넣어 10분쯤 찐다.

3. 쪄낸 우럭 위에 대파, 생강 등을 제거하고 큰 접시에 보기 좋게 담은 후 그 위에 채친 대파와 고수잎을 올려 담는다.

4. 팬에 육수, 간장, 조미료, 설탕, 청주를 넣고 끓여 우럭찜 위에 붓는다.

5. 팬에 파기름을 부어 200℃의 온도로 끓으면 우럭 위에 살짝 부어낸다.

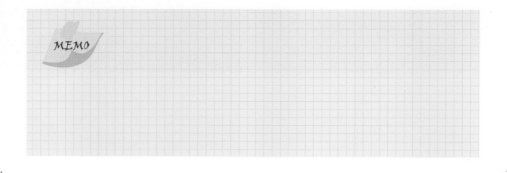

MEMO

매운 중국식 스테이크

재료

〈주재료 및 부재료〉		셀러리	10g	청주	1큰술
쇠안심	200g	생강	5g	식초	1큰술
녹말	1큰술	마늘	5g	설탕	1큰술
달걀 흰자	1/2개	간장	1작은술	후춧가루	약간
양상추	2장	식용유	1컵	소금	2큰술
〈양념 및 소스재료〉		두반장	1작은술	물녹말	2큰술
고추기름	1큰술	물	2/3컵		
대파	10g	굴소스	1작은술		

조리방법

1. 쇠안심은 덩어리째 두께 1cm 정도로 넓게 썬 다음 양면에 사선으로 칼집을 넣고 달걀 흰자와 녹말에 잘 버무려둔다.
2. 팬에 기름을 1컵 정도 넣고 온도는 130℃ 정도로 하여 쇠안심을 익힌다.
3. 대파, 생강, 마늘은 껍질을 벗기고, 셀러리는 반으로 갈라낸 다음 모두 함께 잘게 썬다.
4. 팬에 고추기름을 두르고 대파와 생강, 마늘을 5초 정도 볶는다.
5. ④에 청주, 간장을 분량대로 넣고 잘게 썬 셀러리와 마늘 등을 넣은 다음 두반장을 넣고 10초 정도 더 볶는다.
6. ⑤에 물을 분량대로 붓고 굴소스, 식초, 후춧가루, 설탕, 소금을 넣어 간을 맞춰 끓인다.
7. 양상추는 깨끗이 씻어 접시 위에 깔고 쇠안심을 위에 모양있게 놓는다.
8. 소스가 보글보글 끓으면 물녹말을 부어 농도를 걸쭉하게 맞춘 다음 익혀 놓은 접시 위 스테이크 위에 소스를 뿌린다.

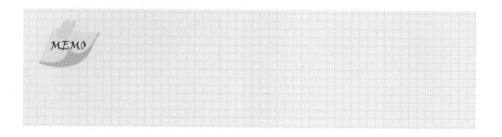

MEMO

부록

삼품냉채

해파리는 짠물 뺀 다음 끓는 물에 살짝 데쳐 다시 찬물에 담근다. 새우는 끓는 물에 소금 넣고 삶아 껍질 제거 후 반으로 썰고, 오이 1/4은 편썰어 접시 깔고 나머지는 채 썬다. 송화단은 스팀 뚜껑 열고 5분 쪄 식힌 후 8등분 접 시에 담기. 해파리 물기, 소금기 빼 오이채와 섞어 접시 담기. 파슬리와 당근 꽃모양으로 깎아 올려준다. 해파리 는 마늘소스, 새우는 겨자소스 뿌린다.

팽이게살수프

새송이버섯 손질 채썰고 팽이버섯도 손질, 대파 채썬다. 게살 잘게 잘라놓고, 팬에 청주 · 육수 붓고 버섯, 게살 끓여 치킨파우더, 소금, 후춧가루 넣고, 물전분에 달걀 흰 자 풀어 수프에 넣고 저어준 다음 참기름 넣는다.

빠스사과

사과껍질 벗겨 다각 형 썰고 흰자에 버무 려 밀가루 묻힘. 뜨 거운 물 살짝 뿌려 밀가루 3회 잘 묻힘. 170℃ 튀김. 팬에 식용 유/설탕 2큰술 : 2큰술 로 시럽 만들어 사과 넣 고 버무림. 빠스사과 접시 에 기름 발라 떼내 옮긴다.

홍소양두부

두부 3cm×2cm로 썰 어 가운데 속 동그랗 게 파낸 두부 속에 마 른 전분 바르고, 돼지 고기 곱게 다져 고기양 념 섞어 치댄 후 두부 속 에 넣고 기름에 노릇하게 튀긴다. 그릇에 튀긴 두부를 넣고 소스를 부어 5분 정도 쪄 접시에 담는다. 위의 소스에 물 전분을 넣고 걸쭉하게 끓여 접시 위 두부에 뿌려준다.

왕새우튀김

왕새우는 등 갈라 내장 뺀 후 칼로 새우를 납작하게 쳐 준다. 등을 갈라낸 부분에 소금, 청주, 후춧가루를 뿌려 밑간을 한다. 위에 다시 달걀과 전분을 넣고 튀김옷을 만들어서 속살 부분에 발라준다. 꼬치로 새우꼬리부터 머리까지 꿰어 머리가 떨어지지 않도록 하고 기름에 튀 겨낸다. 튀겨낸 새우는 청주와 소금, 후춧가루를 넣고 팬에 쌀짝 돌린 다음 꼬치 빼 접시에 담는다.

삼선냉채(량반하이시엔)

겨자소스 발효시켜 준비. 새우 내장 제거 끓는 물에 전복을 삶아서 찬물에 식힌다. 해삼도 끓는 물에 살짝 데친 다음 식힌다. 키조개(패주)살은 편으로 썬다. 끓는 물에 대파, 생강, 소금을 넣고 키조개살(패주)을 살짝 데치고 새우도 삶은 다음 찬물에 식힌다. 삶은 새우는 껍질을 제거하고 반으로 갈라서 사용한다. 오이는 반으로 갈라 편 썰기. 모든 재료를 겨자소스로 함께 잘 버무려 접시에 담고 당근꽃 조각해 파슬리와 같이 냉채 옆에 장식한다.

산라탕

돼지고기, 불린 해삼, 죽순, 표고버섯, 두부는 채썰고 데쳐놓는다. 대파 채로 썰고 팽이버섯 뿌리 잘라놓기, 팬에 청주 1큰술, 간장 1큰술, 굴소스 1큰술, 설탕 1/4작은술, 후춧가루 1작은술, 식초 2큰술, 육수 2컵 넣고 끓인 다음 물전분 푼 다음 살짝 걸쭉하게 만들어 달걀을 골고루 풀어 데친 재료와 팽이버섯, 대파를 같이 넣고 살짝 끓여낸 다음 그릇에 담고 위에 고추기름을 뿌려준다.

빠스바나나

바나나 다각형 3cm X4cmX넓이 2cm로 썬다. 바나나에 흰자 버무려 밀가루 묻힘. 뜨거운 물 살짝 뿌린 후 다시 밀가루 바른 후 손으로 살짝 눌러 밀가루 잘 묻게 3, 4번 반복 후 기름 170℃에 바나나 튀김. 동시 팬에 기름과 설탕 넣고 시럽 만들어 튀긴 바나나 넣고 잘 버무려 기름 묻힌 접시에 빠스바나나 담아 붙지 않도록 떼어낸다.

어향우육권(어향육사)

죽순, 표고버섯, 셀러리, 홍고추 채썬다. 대파, 마늘, 생강도 잘게 채썬다. 돼지고기는 채썰어 청주, 간장으로 밑간한 다음 전분, 달걀 흰자 넣고 버무려 기름에 익힌다. 팬에 고추기름 2큰술 넣고 대파, 마늘, 생강 넣고 볶는다. 청주, 간장, 두반장 넣고 채소를 넣고 볶다 육수, 굴소스, 설탕, 식초, 후춧가루로 간한다. 익힌 고기를 넣고 약 10초 정도 볶다 물전분 풀어 접시에 담는다.

찐만두

밀가루 반죽 치댄 후 발효시켜 돌돌 말아 직경 2cm 정도의 긴 원형모양을 만든다. 다진 돼지고기, 생강, 잘게 썬 부추, 파 같이 섞는다. 청주, 간장, 굴소스, 참기름 버무려 만두소 준비. 반죽 1.5cm씩 손가락으로 뚝뚝 떼어 밀가루 바닥에 뿌리고 떼낸 부분을 손바닥으로 납작하게 눌러준다. 납작해진 반죽 약 7cm가 되도록 밀대로 민다. 만두피에 만두소를 한 스푼 정도 넣고 왼손바닥에 올려놓고 오른손 엄지와 검지로 꾹꾹 눌러 만두무늬 내 스팀에 6~8분 정도 6개 정도를 쪄낸다.

게살샥스핀수프

죽순, 표고버섯, 불린 해삼 채썰고 새우는 내장 빼 데쳐 물기 빼기, 팽이버섯 뿌리 잘라 식용유, 대파, 생강, 마늘 잘게 썰어 볶다 청주, 간장으로 데친 재료 볶는다. 굴소스, 후춧가루 넣고 팽이버섯 볶아 물전분 풀어 접시 담기. 팬에 대파, 생강, 마늘 볶아 청주, 육수 붓고, 게살샥스핀 넣고 치킨파우더로 간해 물전분 풀고 달걀 흰자 넣어 섞는다. 요리 위에 붓는다.

공보육정(매운고추돼지볶음)

그릇에 간장 1큰술, 설탕 1큰술, 두반장 1작은술, 굴소스 1작은술, 후춧가루 1작은술, 물 2큰술, 전분 1작은술에 소스 만듦. 마른 고추씨 제거 후 2cm로 절단. 돼지등심 힘줄 기름 제거. 사방 1.5cm 크기로 썰어 청주, 간장 넣고 밑간 계란, 전분에 버무려놓는다. 셀러리도 1cm 크기 썰고 대파, 마늘, 편썰어 준비. 팬에 기름 2컵 넣고 마른 고추, 등심 같이 넣고 익힌다. 땅콩과 셀러리도 같이 기름에 익혀낸 후 걸러내 기름 빼준다. 팬에 고추기름 2큰술, 대파, 생강, 마늘을 5초 정도 볶다가 청주를 넣는다. 센불에 익혀놓은 등심과 소스를 넣고 빠르게 같이 섞어낸 후 접시에 담는다.

비취탕(비취채소탕)

시금치는 물에 데쳐서 물기를 뺀 다음 아주 곱게 갈거나 다진다. 죽순, 표고버섯은 편으로 썬다. 팬에 청주, 육수, 시금치, 소금, 치킨파우더를 넣고 끓인 다음 죽순과 표고버섯을 넣고 바로 물전분을 풀어서 걸쭉하게 낸다.

삼선두반두부

두부 물기 제거 후 굵기 1cmX사방 5cm의 삼각형으로 썬 다음 기름에 노릇하게 튀김. 관자, 해삼, 죽순, 표고버섯, 피망, 홍피망 편썰어 데침. 고기 편썰고 중새우 등 갈라 내장 빼주고 전분 넣고 버무려 기름에 익힌다. 대파, 생강, 마늘 편썰고. 팬에 고추기름 2큰술 두르고 대파, 생강, 마늘 넣고 볶는다. 두반장, 청주, 간장 1큰술씩 넣고 데친 재료 넣고 30초 볶다 육수 붓는다. 익힌 고기와 새우, 굴소스, 후춧가루 넣고 튀긴 두부 넣어 살짝 볶는다. 물전분을 넣어 걸쭉하게 풀어준 다음 참기름을 넣고 접시에 담는다.

산라탕

돼지고기, 불린 해삼, 죽순, 표고버섯, 두부는 채썰어 데쳐놓는다. 대파 채로 썰고 팽이버섯 뿌리 잘라놓기. 팬에 청주 1큰술, 간장 1큰술, 굴소스 1큰술, 설탕 1/4작은술, 후춧가루 1작은술, 식초 2큰술, 육수 2컵 넣고 끓인 다음 물전분 푼 뒤 살짝 걸쭉하게 만들어 달걀을 골고루 풀어 데친 재료와 팽이버섯, 대파를 같이 넣고 살짝 끓여낸 다음 그릇에 담고 위에 고추기름을 뿌려준다.

면보하

식빵의 사각표면을 잘라내고 4등분한다. 새우는 내장 제거 후 다져서 대파, 생강, 청주, 소금, 참기름, 후춧가루, 전분을 넣고 버무린다. 버무린 새우는 등분한 식빵 위에 넉넉히 올리고 다시 위에 식빵을 올려서 꼭 눌러준 다음 160℃ 기름에 노릇하게 튀겨낸다.

빠스바나나

바나나 다각형 3cmX4cmX넓이 2cm로 썬다. 바나나에 흰자 버무려 밀가루 묻힘. 뜨거운 물 살짝 뿌린 후 다시 밀가루 바른 후 손으로 살짝 눌러 밀가루 잘 묻게 3, 4번 반복 후 기름 170℃에 바나나 튀김. 동시에 팬에 기름과 설탕 넣고 시럽 만들어 튀긴 바나나 넣고 잘 버무려 기름 묻힌 접시에 빠스바나나 담아 붙지 않도록 떼어낸다.

청경채크림소스

은행은 삶아서 껍질을 까준다. 껍질 제거한 은행과 청경채는 끓는 물에 식용유, 소금을 넣고 살짝 데쳐서 접시에 담는다. 팬에 식용유를 넣고 청주, 육수, 생크림, 소금, 설탕을 넣고 살짝 끓인다. 끓으면 불을 줄이고 물전분을 넣고 잘 저어준 다음 걸쭉하게 소스를 만들어서 청경채 위에 뿌려준다.

어향육사

죽순, 표고버섯, 셀러리, 홍고추는 모두 채썬다. 대파, 마늘, 생강도 잘게 채썬다. 돼지고기는 채썰어 청주, 간장으로 밑간하여 전분, 달걀 흰자를 넣고 잘 버무린 다음 기름에 익혀낸다. 팬에 고추기름 2큰술 넣고 대파, 마늘, 생강을 넣고 볶는다. 청주, 간장, 두반장을 넣고 나머지 채소를 넣고 볶다가 육수, 굴소스, 설탕, 식초, 후춧가루로 간을 한다. 먼저 익힌 고기를 넣고 약 10초 정도 더 볶은 다음 물전분을 풀고 접시에 담는다.

공보기정

마른 고추 길이 2cm로 썰기. 닭다리살 사방 1.5cm로 썰어 계란, 전분에 버무리기. 셀러리 1cm 크기로 썰고 대파, 생강, 마늘 편썰어 준비. 팬에 기름 2컵 정도 넣고 마른 고추, 닭고기 넣어 익히기. 캐슈넛과 셀러리 기름에 익혀 기름기 빼준다. 팬에 고추기름 2큰술, 대파, 생강, 마늘 5 초간 볶다 청주 넣고, 익힌 닭고기와 소스 넣어 섞어낸다.

홍소양두부

두부 3cm×2cm 높이로 썰어 가운데 동그랗게 파낸 두부 속에 마른 전분 바르고, 돼지고기 곱게 다져 고기양념 섞어 치댄 후 두부 속에 넣고 기름에 노릇하게 튀긴다. 그릇에 튀긴 두부를 넣고 소스를 부어 5분 정도 쪄 접시에 담는다. 위의 소스에 물전분을 넣고 걸쭉하게 끓여 접시 위 두부에 뿌려준다.

빠스바나나

바나나 다각형 3cm X4cmX넓이 2cm로 썬다. 바나나에 흰자 버무려 밀가루 묻힘. 뜨거운 물 살짝 뿌린 후 다시 밀가루 바른 후 손으로 살짝 눌러 밀가루 잘 묻게 3, 4번 반복 후 기름 170 ℃에 바나나튀김. 동시에 팬에 기름과 설탕 넣고 시럽 만들어 튀긴 바나나 넣고 잘 버무려 기름 묻힌 접시에 빠스바나나 담아 붙지 않도록 떼어낸다.

삼선냉채(량반하이시엔)

겨자소스 발효시켜 준비. 새우 내장 제거 끓는 물에 전복을 삶아서 찬물에 식힌다. 해삼도 끓는 물에 살짝 데친 다음 식힌다. 키조개(패주)살은 편으로 썬다. 끓는 물에 대파, 생강, 소금을 넣고 키조개살(패주)을 살짝 데치고 새우도 삶은 다음 찬물에 식힌다. 삶은 새우는 껍질을 제거하고 반으로 갈라서 사용한다. 오이는 반으로 갈라 편썰기. 모든 재료를 겨자소스로 함께 잘 버무려 접시에 담고 당근꽃 조각해 파슬리와 같이 냉채 옆에 장식한다.

산라탕

돼지고기, 불린 해삼, 죽순, 표고버섯, 두부는 채썰고 데쳐놓는다. 대파 채로 썰고 팽이버섯 뿌리 잘라놓기. 팬에 청주 1큰술, 간장 1큰술, 굴소스 1큰술, 설탕 1/4작은술, 후춧가루 1작은술, 식초 2큰술, 육수 2컵 넣고 끓인 다음 물전분 푼 다음 살짝 걸쭉하게 만들어 달걀을 골고루 풀어 데친 재료와 팽이버섯, 대파를 같이 넣고 살짝 끓여낸 다음 그릇에 담고 위에 고추기름을 뿌려준다.

새우완자

새우는 내장 제거 후 다져 소금, 달걀 흰자와 전분을 넣고 약 1분 이상 치댄다. 표고버섯, 죽순, 청경채는 3cm 정도 편으로 썰고 대파, 생강, 마늘은 작은 편으로 썬다. 치댄 새우살로 직경 3cm 크기의 완자를 빚어 기름에 튀긴다. 팬에 식용유 2큰술을 넣고 대파, 생강, 마늘을 볶아준다. 청주, 간장 넣고 표고버섯, 죽순, 청경채를 살짝 볶다 육수를 붓는다. 튀겨놓은 새우완자를 넣고 굴소스, 후춧가루로 간해 살짝 조린 다음 물전분 풀고 참기름 넣어 걸쭉하게 하여 완성한다.

오품냉채

해파리 물에 헹궈 데쳐 찬물 담기. 전복, 관자 편 떠 데침. 새우 소금 넣고 삶아 차게 한 후 껍질 내장 제거. 오이 편썰어 접시 깔고 전복, 관자, 새우 올린다. 나머진 채썬다. 송화단 스팀에 뚜껑 열고 5분 쪄 식혀 8등분. 해파리 물기, 소금기 빼 오이채와 섞어 담고 파슬리와 당근 꽃모양으로 깎아올린다. 해파리는 마늘소스, 관자, 새우는 겨자소스, 전복에는 케첩소스 뿌린다.

게살샥스핀수프

죽순, 표고버섯, 불린 해삼 채썰고 새우는 내장 빼 데쳐 물기 빼기. 팽이버섯 뿌리 잘라 식용유, 대파, 생강, 마늘 잘게 썰어 볶다 청주, 간장으로 데친 재료 볶는다. 굴소스, 후춧가루 넣고 팽이버섯 볶아 물전분 풀어 접시 담기. 팬에 대파, 생강, 마늘 볶아 청주, 육수 붓고, 게살샥스핀 넣고 치킨파우더로 간해 물전분 풀고 달걀 흰자 넣어 섞는다. 요리 위에 붓는다.

전가복

새우 내장 제거 후 갑오징어 대각선으로 칼집 넣어 4cm로 썰고 소라, 닭고기 비슷한 크기로 썰어 같이 데치고 대파 반 갈라 3cm로 썰고 마늘 편썬다. 생강 잘게 썬다. 팬에 식용유 2큰술 넣고 대파, 생강, 마늘 5초 볶다 청주, 간장 1큰술씩 넣고 데친 재료 볶은 후 굴소스 1큰술, 후춧가루 1/4작은술, 육수 2큰술 넣어 간한 다음 물전분 풀어 접시에 담는다. 전복 삶아 편썰기하고 송이와 키조개 편썰기, 아스파라거스 껍질 제거 후 4cm로 썰어 데친 후 팬에 식용유 2큰술, 청주, 간장, 굴소스, 육수 끓이다 물전분 풀어 걸쭉하게 끓인 다음 참기름 넣어 볶아놓은 요리 위에 뿌려준다.

삼품냉채

해파리는 짠물 뺀 다음 끓는 물에 살짝 데쳐 다시 찬물에 담근다. 새우는 끓는 물에 소금 넣고 삶아 껍질 제거 후 반으로 썰고, 오이 1/4은 편썰어 접시 깔고 나머지는 채썬다. 송화단은 스팀 뚜껑 열고 5분 쪄 식힌 후 8등분 접시에 담기. 해파리 물기, 소금기 빼 오이채와 섞어 접시 담기. 파슬리와 당근 꽃모양으로 깎아 올려준다. 해파리는 마늘소스, 새우는 겨자소스 뿌린다.

게살팽이버섯수프

새송이버섯 손질 채썰고 팽이버섯도 손질, 대파 채썬다. 게살 잘게 잘라놓고, 팬에 청주 육수 붓고 버섯, 게살 끓여 치킨파우더, 소금, 후춧가루 넣고 물전분에 달걀 흰자 풀어 수프에 넣고 저어준 다음 참기름 넣는다.

두 가지 해물볶음

오징어살과 키조개살은 빗살무늬로 모양을 내서 잘라놓는다. 홍고추, 표고버섯, 죽순, 브로콜리는 2cm 크기로 잘라서 데쳐놓는다. 대파는 반 갈라 2cm로 자르고 생강, 마늘 편썰기. 기름 170℃에 오징어살, 키조개살 튀기기. 간장 1큰술, 굴소스 1큰술, 후춧가루 1/4작은술, 육수 3큰술, 전분 1작은술을 넣고 식용유 2큰술을 넣고 대파, 생강, 마늘을 볶다가 청주를 넣는다. 데친 재료와 기름에 튀긴 재료, 소스를 넣고 빠르게 볶아낸다. 참기름을 넣고 접시에 담는다.

홍소삼사어치

쇠고기 채썰고 새우 등쪽 내장 빼고 전분 넣고 버무려 기름에 익힌다. 죽순, 표고버섯, 불린 해삼 채썰어 끓는 물에 데쳐 물기 빼둔다. 팽이버섯은 뿌리 잘라놓는다. 팬에 식용유 넣고 대파, 생강, 마늘 잘게 썰어 볶다 청주, 간장을 부어준다. 데쳐놓은 재료와 굴소스, 후춧가루 넣고 익힌 고기와 새우, 팽이버섯 같이 볶는다. 물전분 풀어 접시에 담고 샥스핀 데쳐 위에 올린다. 팬에 식용유 2큰술, 청주, 간장, 굴소스, 육수 넣고 끓이다 물전분 풀어 걸쭉하게 끓여 참기름 뿌린 뒤 샥스핀에 뿌려준다.

깐쇼새우

새우는 등쪽의 내장을 제거 하고 물기를 잘 닦아 준비한다. 계란과 전분을 넣고 새우와 같이 버무린다. 기름 170℃ 정도에서 튀겨준다. 대파, 마늘, 생강은 잘게 썰거나 다져 준비한다. 팬에 고추기름을 넣고 썰어놓은 채소와 두반장, 케첩을 넣고 볶아준다. 다시 청주를 넣고 물을 부어준 다음 설탕을 넣고 끓으면 물전분을 부어 걸쭉하게 소스를 만든다. 튀김한 새우를 소스에 붓고 잘 버무린다.

빠스은행

은행은 삶거나 기름에 볶아 껍질 벗겨 흰자로 버무려 밀가루 묻힌다. 뜨거운 물 살짝 뿌려 적신 후에 밀가루 발라 손으로 꼭꼭 눌러 잘 묻게 한다. 2~3회 반복. 두툼하게 밀가루 묻혀 170℃ 기름에 튀긴다. 동시에 팬에 식용유 2큰술, 설탕 2큰술 넣고 시럽 만든 다음 튀긴 은행을 넣고 버무려낸다. 접시에 기름 바르고 시럽에 버무린 은행 떼어낸다.

찐만두

밀가루 반죽 치댄 후 발효시켜 돌돌 말아 직경 2cm 정도 긴 원형모양을 만든다. 다진 돼지고기, 생강, 잘게 썬 부추, 파 같이 섞는다. 청주, 간장, 굴소스, 참기름 버무려 만두소 준비. 반죽 1.5cm씩 손가락으로 뚝뚝 떼어 밀가루 바닥에 뿌리고 떼낸 부분을 손바닥으로 납작하게 눌러준다. 납작해진 반죽 약 7cm가 되도록 밀대로 민다. 만두피에 만두소를 한 스푼 정도 넣고 왼손바닥에 올려놓고 오른손 엄지와 검지로 꾹꾹 눌러 만두무늬 내 스팀에 6~8분 정도 6개 정도를 쪄낸다.

삼품냉채

해파리는 짠 물 뺀 다음 끓는 물에 살짝 데쳐 다시 찬물에 담근다. 새우는 끓는 물에 소금 넣고 삶아 껍질 제거 후 반으로 썰고, 오이 1/4은 편썰어 접시 깔고 나머지는 채썬다. 송화단은 스팀 뚜껑 열고 5분 쪄 식힌 후 8등분 접시에 담기. 해파리 물기, 소금기 빼고 오이채와 섞어 접시 담기. 파슬리와 당근 꽃모양으로 깎아 올려준다. 해파리엔 마늘소스, 새우엔 겨자소스 뿌린다.

왕새우튀김

왕새우는 등 갈라 내장 뺀 후 칼로 새우를 납작하게 쳐준다. 등을 갈라낸 부분에 소금, 청주, 후춧가루를 뿌려 밑간을 한다. 위에 다시 달걀과 전분을 넣고 튀김옷을 만들어 속살부분에 발라준다. 꼬치로 새우꼬리부터 머리까지 꿰어 머리가 떨어지지 않도록 하고 기름에 튀겨낸다. 튀겨낸 새우는 청주와 소금, 후춧가루 넣고 팬에 살짝 돌린 다음 꼬치 빼 접시 담기.

빠스사과

사과껍질 벗겨 다각형으로 썰고 흰자에 버무려 밀가루 묻힘. 뜨거운 물 살짝 뿌려 밀가루 3회 잘 묻힘. 170℃ 튀김, 팬에 식용유 설탕 2큰술 : 2큰술로 시럽 만들어 사과 넣고 버무림. 빠스 사과 접시에 기름 발라 떼내 옮긴다.

게살샥스핀

죽순, 표고버섯, 불린 해삼 채썰고 새우는 내장 빼 데쳐 물기 빼기. 팽이버섯 뿌리 잘라 식용유, 대파, 생강, 마늘 잘게 썰어 볶다 청주, 간장으로 데친 재료 볶는다. 굴소스, 후춧가루 넣고 팽이버섯 볶아 물전분 풀어 접시 담기. 팬에 대파, 생강, 마늘 볶아 청주, 육수 붓고, 게살샥스핀 넣고 치킨파우더 간해 물전분 풀고 달걀 흰자 넣어 섞는다. 요리 위에 붓는다.

부용관자

달걀과 물을 3 : 2 비율로 넣고 물전분도 넣고 잘 섞어서 스팀에 뚜껑을 약간 열고 10분 정도 쪄서 계란찜을 만든다. 마른 관자는 잘 풀어 물에 담가 불린 다음 계란찜 위에 올려놓는다. 팬에 청주, 육수, 소금, 치킨파우더를 넣고 끓인 다음 부어준다.

꿔타기

닭다리살은 얇게 편으로 칼질하고 청주, 소금, 후춧가루를 넣고 밑간 후 계란, 전분을 넣고 튀김옷을 입힌다. 식용유 170℃에 닭다리살 넣고 3분 정도 튀겨낸다. 재료 채썰어 준비. 팬에 식용유 두루고 대파, 생강, 마늘 볶다 청주, 간장 넣는다. 나머지 채소 넣고 볶다가 육수, 굴소스 1큰술, 후춧가루 1/4작은술, 설탕 1/4작은술, 튀긴 닭고기 같이 넣고 볶는다. 1분 정도 볶아 간이 배면 참기름 넣고 닭고기 꺼내서 1.5cm 굵기로 썰어 접시에 올린다. 팬에 있는 채소를 닭고기 위에 올려준다.

홍소삼슬어츠(샥스핀)

쇠고기 채썰고 새우 등쪽 내장 빼고 전분 넣고 버무려 기름에 익힌다. 죽순, 표고버섯, 불린 해삼 채썰어 끓는 물에 데쳐 물기 빼둔다. 팽이버섯은 뿌리 잘라놓는다. 팬에 식용유 넣고 대파, 생강, 마늘 잘게 썰어 볶다 청주, 간장을 부어준다. 데쳐놓은 재료와 굴소스, 후춧가루 넣고 익힌 고기와 새우, 팽이버섯 같이 볶는다. 물전분 풀어 접시에 담고 샥스핀 데쳐 위에 올린다. 팬에 식용유 2큰술, 청주, 간장, 굴소스, 육수 넣고 끓이다 물전분 풀어 걸쭉하게 끓여 참기름 뿌린 뒤 샥스핀에 뿌려준다.

삼선두반두부

두부 물기 제거 후 굵기 1cm×사방 5cm의 삼각형으로 썬 다음 기름에 노릇하게 튀김. 관자, 해삼, 죽순, 표고버섯, 피망, 홍피망 편썰어 데침. 고기 편썰고 중새우 등 갈라 내장 빼주고 전분 넣고 버무려 기름에 익힌다. 대파, 생강, 마늘 편썰고 팬에 고추기름 2큰술 두르고 대파, 생강, 마늘 넣고 볶는다. 두반장, 청주, 간장 1큰술씩 넣고 데친 재료 넣고 30초 볶다 육수 붓는다. 익힌 고기와 새우, 굴소스, 후춧가루 넣고 튀긴 두부 넣어 살짝 볶는다. 물전분을 넣어 걸쭉하게 풀어준 다음 참기름을 넣고 접시에 담는다.

게살샥스핀수프

죽순, 표고버섯, 불린 해삼 채썰고 새우는 내장 빼 데쳐 물기 빼기. 팽이버섯 뿌리 잘라 식용유, 대파, 생강, 마늘 잘게 썰어 볶다 청주, 간장으로 데친 재료 볶는다. 굴소스, 후춧가루 넣고 팽이버섯 볶아 물전분 풀어 접시 담기. 팬에 대파, 생강, 마늘 볶아 청주, 육수 붓고, 게살, 샥스핀 넣고 치킨파우더로 간해 물전분 풀고 달걀 흰자 넣어 섞는다. 요리 위에 붓는다.

비취탕(비취채소탕)

시금치는 물에 데쳐서 물기를 뺀 다음 아주 곱게 갈거나 다진다. 죽순, 표고버섯은 편으로 썬다. 팬에 청주, 육수, 시금치, 소금, 치킨파우더를 넣고 끓인 다음 죽순과 표고버섯을 넣고 바로 물전분을 풀어서 걸쭉하게 낸다.

매운고추돼지볶음 (공보육정)

그릇에 간장 1큰술, 설탕 1큰술, 두반장 1작은술, 굴소스 1작은술, 후춧가루 1작은술, 물 2큰술, 전분 1작은술에 소스 만듦. 마른 고추씨 제거 후 2cm로 절단. 돼지등심 힘줄 기름 제거. 사방 1.5cm 크기로 썰어 청주, 간장 넣고 밑간 계란, 전분에 버무려놓는다. 셀러리도 1cm 크기 썰고 대파, 마늘, 편썰어 준비. 팬에 기름 2컵 넣고 마른 고추, 등심 같이 넣고 익힌다. 땅콩과 셀러리도 같이 기름에 익혀낸 후 걸러내 기름 빼준다. 팬에 고추기름 2큰술, 대파, 생강, 마늘을 5초 정도 볶다가 청주를 넣는다. 센불에 익혀놓은 등심과 소스를 넣고 빠르게 같이 섞어낸 후 접시에 담는다.

게살팽이버섯수프

새송이버섯 손질 채썰고 팽이버섯도 손질, 대파 채썬다. 게살 잘게 잘라놓고, 팬에 청주, 육수 붓고 버섯, 게살 끓여 치킨파우더, 소금, 후춧가루 넣고, 물전분에 달걀 흰자 풀어 수프에 넣고 저어준 다음 참기름 넣는다.

어향육사

죽순, 표고버섯, 셀러리, 홍고추 채썬다. 대파, 마늘, 생강도 잘게 채썬다. 돼지고기는 채썰어 청주, 간장으로 밑간한 다음 전분, 달걀 흰자 넣고 버무려 기름에 익힌다. 팬에 고추기름 2큰술 넣고 대파, 마늘, 생강 넣고 볶는다. 청주, 간장, 두반장 넣고 채소를 넣고 볶다 육수, 굴소스, 설탕, 식초, 후춧가루로 간한다. 익힌 고기를 넣고 약 10초 정도 볶다 물전분 풀어 접시에 담는다.

두 가지 해물볶음

오징어살과 키조개살은 빗살무늬로 모양을 내서 잘라놓는다. 홍고추, 표고버섯, 죽순, 브로콜리는 2cm 크기로 잘라서 데쳐놓는다. 대파는 반 갈라 2cm로 자르고 생강, 마늘 편썰기, 기름 170℃에 오징어살, 키조개살 튀기기. 간장 1큰술, 굴소스 1큰술, 후춧가루 1/4작은술, 육수 3큰술, 전분 1작은술을 넣고 식용유 2큰술을 넣고 대파, 생강, 마늘을 볶다가 청주를 넣는다. 데친 재료와 기름에 튀긴 재료, 소스를 넣고 빠르게 볶아낸다. 참기름을 넣고 접시에 담는다.

부용게살

게살, 팽이버섯 다듬기, 브로콜리는 사방 2cm로 썰어 끓는 물에 식용유와 소금 넣고 데쳐 접시 담기. 대파, 생강, 마늘은 잘게 썰어 준비. 흰자에 생크림 섞어 식용유 160℃ 가열 후 튀긴 뒤 기름기 빼준다. 팬에 대파, 생강, 마늘, 청주, 육수, 게살, 소금, 설탕 넣고 5초 볶다 물전분 풀고 튀긴 뒤 흰자 넣어 볶아내 브로콜리 옆에 담기.

가상해삼

불린 해삼은 2cm*6cm 크기로 썰고, 죽순은 편으로, 청경채는 길이 4cm로 잘라서 끓는 물에 데쳐놓는다. 돼지고기는 잘게 썰어놓고 대파, 마늘, 생강은 잘게 편으로 썬다. 팬에 고추기름을 넣고 썬 고기와 대파, 생강, 마늘을 볶아준다. 청주, 간장, 두반장을 넣고 데친 해삼 등을 같이 볶다가 굴소스, 후춧가루, 노두유, 육수를 넣는다. 10초 정도 더 볶고 물전분을 풀어서 걸쭉하게 한 다음 접시에 담는다.

빠스은행

은행은 삶거나 기름에 볶아 껍질 벗겨 흰자로 버무려 밀가루 묻힌다. 뜨거운 물 살짝 뿌려 적신 후 밀가루 발라 손으로 꼭꼭 눌러 잘 묻게 한다. 2~3회 반복 두툼하게 밀가루 묻혀 170℃ 기름에 튀긴다. 동시에 팬에 식용유 2큰술, 설탕 2큰술 넣고 시럽 만든 다음 튀긴 은행을 넣고 버무려낸다. 접시에 기름 바르고 시럽에 버무린 은행 떼어낸다.

전가복

새우 내장 제거 후 갑오징어 대각선 칼집 넣어 4cm로 썰고 소라, 닭고기 비슷한 크기 썰어 같이 데치고 대파 반 갈라 3cm로 썰고 마늘 편썬다. 생강 잘게 썬다. 팬에 식용유 2큰술 넣고 대파, 생강, 마늘 5초 볶다 청주, 간장 1큰술씩 넣고 데친 재료 볶은 후 굴소스 1큰술, 후춧가루 1/4작은술, 육수 2큰술 넣어 간한 다음 물전분 풀어 접시에 담는다. 전복 삶아 편썰기하고 송이와 키조개 편썰기. 아스파라거스 껍질 제거 후 4cm로 썰어 데친 후 팬에 식용유 2큰술, 청주, 간장, 굴소스, 육수 끓이다 물전분 풀어 걸쭉하게 끓인 다음 참기름 넣어 볶아놓은 요리 위에 뿌려준다.

삼품냉채

해파리는 짠물 뺀 다음 끓는 물에 살짝 데쳐 다시 찬물에 담근다. 새우는 끓는 물에 소금 넣고 삶아 껍질 제거 후 반으로 썰고, 오이 1/4은 편썰어 접시 깔고 나머지는 채썬다. 송화단은 스팀 뚜껑 열고 5분 쪄 식힌 후 8등분 접시에 담기. 해파리 물기, 소금기 빼 오이채와 섞어 접시 담기, 파슬리와 당근 꽃모양으로 깎아 올려준다. 해파리는 마늘소스, 새우는 겨자소스 뿌린다.

게살샥스핀수프

죽순, 표고버섯, 불린 해삼 채썰고 새우는 내장 빼 데쳐 물기 빼기, 팽이버섯 뿌리 잘라 식용유, 대파, 생강, 마늘 잘게 썰어 볶다 청주, 간장으로 데친 재료 볶는다. 굴소스, 후춧가루 넣고 팽이버섯 볶아 물전분 풀어 접시 담기. 팬에 대파, 생강, 마늘 볶아 청주, 육수 붓고, 게살, 샥스핀 넣고 치킨파우더로 간해 물전분 풀고 달걀 흰자 넣어 섞는다. 요리 위에 붓는다.

오품냉채

해파리 물에 헹궈 데쳐 찬물 담기, 전복, 관자 편떠 데침. 새우에 소금 넣고 삶아 차게 한 후 껍질 내장 제거. 오이 편썰어 접시 깔고 전복, 관자, 새우 올린다. 나머진 채썬다. 송화단 스팀에 뚜껑 열고 5분 쪄 식혀 8등분. 해파리 물기와 소금기 빼 오이채랑 섞어 담고 파슬리와 당근 꽃 모양으로 깎아 올린다. 해파리는 마늘소스, 관자, 새우는 겨자소스, 전복은 케첩소스 뿌린다.

산라탕

돼지고기, 불린 해삼, 죽순, 표고버섯, 두부는 채썰고 데쳐놓는다. 대파 채로 썰고 팽이버섯 뿌리 잘라놓기. 팬에 청주 1큰술, 간장 1큰술, 굴소스 1큰술, 설탕 1/4작은술, 후춧가루 1작은술, 식초 2큰술, 육수 2컵 넣고 끓인 뒤 물전분 푼 다음 살짝 걸쭉하게 만들어 달걀을 골고루 풀어 데친 재료와 팽이버섯, 대파를 같이 넣고 살짝 끓여낸 다음 그릇에 담고 위에 고추기름을 뿌려준다.

새우완자

새우는 내장 제거 후 다져 소금, 달걀 흰자와 전분을 넣고 약 1분 이상 치댄다. 표고버섯, 죽순, 청경채는 3cm 정도 편으로 썰고 대파, 생강, 마늘은 작은 편으로 썬다. 치댄 새우살로 직경 3cm 완자를 빚어 기름에 튀긴다. 팬에 식용유 2큰술을 넣고 대파, 생강, 마늘을 볶아준다. 청주, 간장 넣고 표고버섯, 죽순, 청경채를 살짝 볶다 육수를 붓는다. 튀겨놓은 새우완자를 넣고 굴소스, 후춧가루로 간해 살짝 조림한 다음 물전분 풀고 참기름 넣어 걸쭉하게 하여 완성한다.

게살샥스핀수프

죽순, 표고버섯, 불린 해삼 채썰고 새우는 내장 빼 데쳐 물기 빼기. 팽이버섯 뿌리 잘라 식용유, 대파, 생강, 마늘 잘게 썰어 볶다 청주, 간장으로 데친 재료 볶는다. 굴소스, 후춧가루 넣고 팽이버섯 볶아 물전분 풀어 접시 담기. 팬에 대파, 생강, 마늘 볶아 청주, 육수 붓고, 게살, 샥스핀 넣고 치킨파우더로 간해 물전분 풀고 달걀 흰자 넣어 섞는다. 요리 위에 붓는다.

삼선두반두부

두부 물기 제거 후 굵기 1cmX사방 5cm의 삼각형으로 썬 다음 기름에 노릇하게 튀김. 관자, 해삼, 죽순, 표고버섯, 청 · 홍피망 편썰어 데침. 고기 편썰고 중새우 등 갈라 내장 빼고 전분 넣고 버무려 기름에 익힌다. 대파, 생강, 마늘 편썰고 팬에 고추기름 2큰술 두르고 대파, 생강, 마늘 넣고 볶는다. 두반장, 청주, 간장 1큰술씩 넣고 데친 재료 넣고 30초 볶다 육수 붓는다. 익힌 고기와 새우, 굴소스, 후춧가루 넣고 튀긴 두부 넣어 살짝 볶는다. 물전분을 넣어 걸쭉하게 풀어준 다음 참기름을 넣고 접시에 담는다.

매운고추돼지볶음(공보육정)

그릇에 간장 1큰술, 설탕 1큰술, 두반장 1작은술, 굴소스 1작은술, 후춧가루 1작은술, 물 2큰술, 전분 1작은술에 소스 만듦, 마른 고추씨 제거 후 2cm로 절단. 돼지등심 힘줄 기름 제거 사방 1.5cm 크기로 썰어 청주, 간장 넣고 밑간. 계란, 전분에 버무려놓는다. 셀러리도 1cm 크기로 썰고 대파, 마늘 편썰어 준비. 팬에 기름 2컵 넣고 마른 고추, 등심 같이 넣고 익힌다. 땅콩과 셀러리도 같이 기름에 익혀낸 후 걸러내 기름 빼준다. 팬에 고추기름 2큰술, 대파, 생강, 마늘을 5초 정도 볶다가 청주를 넣는다. 센 불에 익혀놓은 등심과 소스를 넣고 빠르게 같이 섞어낸 후 접시에 담는다.

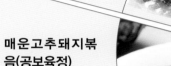

비취탕(비취채소탕)

시금치는 물에 데쳐 물기를 뺀 다음 아주 곱게 갈거나 다진다. 죽순, 표고버섯은 편으로 썬다. 팬에 청주, 육수, 시금치, 소금, 치킨파우더를 넣고 끓인 다음 죽순과 표고버섯을 넣고 바로 물전분을 풀어서 걸쭉하게 낸다.

게살샥스핀수프

죽순, 표고버섯, 불린 해삼 채썰고 새우는 내장 빼 데쳐 물기 빼기. 팽이버섯 뿌리 잘라 식용유, 대파, 생강, 마늘 잘게 썰어 볶다 청주, 간장으로 데친 재료 볶는다. 굴소스, 후춧가루 넣고 팽이버섯 볶아 물전분 풀어 접시 담기. 팬에 대파, 생강, 마늘 볶아 청주, 육수 붓고, 게살, 샥스핀 넣고 치킨파우더로 간해 물전분 풀고 달걀 흰자 넣어 섞는다. 요리 위에 붓는다.

왕새우튀김

왕새우는 등 갈라 내장 뺀 후 칼로 새우를 납작하게 쳐준다. 등을 갈라낸 부분에 소금, 청주, 후춧가루를 뿌려 밑간을 한다. 위에 다시 달걀과 전분을 넣고 튀김옷을 만들어서 속살 부분에 발라준다. 꼬치로 새우꼬리부터 머리까지 꿰어 머리가 떨어지지 않도록 하고 기름에 튀겨낸다. 튀겨낸 새우는 청주와 소금, 후춧가루 넣고 팬에 살짝 돌린 다음 꼬치 빼 접시 담기.

빠스사과

사과껍질 벗겨 다각형으로 썰고 흰자에 버무려 밀가루 묻힘. 뜨거운 물 살짝 뿌려 밀가루 3회 잘 묻힘. 170℃에 튀김. 팬에 식용유와 설탕 2큰술 : 2큰술로 시럽 만들어 사과 넣고 버무림. 빠스사과 접시에 기름 발라 떼내 옮긴다.

삼선냉채(량반하이시엔)

겨자소스 발효시켜 준비. 새우 내장 제거 끓는 물에 전복을 삶아서 찬물에 식힌다. 해삼도 끓는 물에 살짝 데친 다음 식힌다. 키조개(패주)살은 편으로 썬다. 끓는 물에 대파, 생강, 소금을 넣고 키조개살(패주)을 살짝 데치고 새우도 삶은 다음 찬물에 식힌다. 삶은 새우는 껍질을 제거하고 반으로 갈라서 사용한다. 오이는 반으로 갈라 편썰기. 모든 재료를 겨자소스로 함께 잘 버무려 접시에 담고 당근 꽃으로 조각해 파슬리와 같이 냉채 옆에 장식한다.

오품냉채

해파리 물에 헹궈 데쳐 찬물 담기, 전복 관자 편떠 데침. 새우 소금 넣고 삶아 차게 한 후 껍질 내장 제거. 오이 편 썰어 접시 깔고 전복, 관자, 새우 올린다. 나머진 채썬다. 송화단 스팀에 뚜껑 열고 5분 쪄 식혀 8등분. 해파리 물기, 소금기 빼 오이채와 섞어 담고 파슬리와 당근 꽃모양으로 깎아 올린다. 해파리는 마늘소스, 관자, 새우는 겨자소스, 전복은 케첩소스 뿌린다.

산라탕

돼지고기, 불린 해삼, 죽순, 표고버섯, 두부는 채썰고 데쳐놓는다. 대파 채로 썰고 팽이버섯 뿌리 잘라놓기. 팬에 청주 1큰술, 간장 1큰술, 굴소스 1큰술, 설탕 1/4작은술, 후춧가루 1작은술, 식초 2큰술, 육수 2컵 넣고 끓인 뒤 물전분 푼 다음 살짝 걸쭉하게 만들어 달걀을 골고루 풀어 데친 재료와 팽이버섯, 대파를 같이 넣고 살짝 끓여낸 다음 그릇에 담고 위에 고추기름을 뿌려준다.

새우완자

새우는 내장 제거 후 다져 소금, 달걀 흰자와 전분을 넣고 약 1분 이상 치댄다. 표고버섯, 죽순, 청경채는 3cm 정도 편으로 썰고 대파, 생강, 마늘은 작은 편으로 썬다. 치댄 새우살로 직경 3cm 완자를 빚어 기름에 튀긴다. 팬에 식용유 2큰술을 넣고 대파, 생강, 마늘을 볶아준다. 청주, 간장 넣고 표고버섯, 죽순, 청경채를 살짝 볶다 육수를 붓는다. 튀겨놓은 새우완자를 넣고 굴소스, 후춧가루로 간해 살짝 조림한 다음 물전분 풀고 참기름 넣어 걸쭉하게 하여 완성한다.

2014년도 조리기능사 실기시험문제 변경 현황

■ 요구사항과 수험자 유의사항의 수정내용 중 단순 맞춤법이나 문장순화를 위한 변경내용과 재료의 규격변경은 변경내역에 기록하지 않았음을 알려드립니다.

　예) 1. 수험자 유의사항 : (3) 구이를 찜으로 조리하는 등과 같이 요리의 형태를 다르게 만든 경우 : 오작
　　　→ (3) 구이를 찜으로 조리하는 등과 같이 조리방법을 다르게 한 경우 : 오작

　2. 대파 1토막 흰부분 15cm → 10cm(규격 수정), 생표고버섯 20g(1개) → 1개(20g)로 변경 등

■ 실격 사항 추가 : 다음과 같은 경우에는 채점대상에서 제외합니다.

　△ 시험 중 시설·장비(칼, 가스레인지 등) 사용 시 감독위원 및 타 수험자의 시험 진행에 위험이 될 것으로 감독위원 전원이 합의하여 판단한 경우 : 실격

■ 채점기준 변경 : 위생상태 10점 → 위생상태 및 안전관리 10점

　⇒ 안전관리를 위하여 실격사항 추가하고 수험자 칼 지참 시 칼집사용 여부, 가스 밸브 개폐 여부 등을 확인 제점한다.

　⇒ 항목별 배점은 위생상태 및 안전관리 10점, 조리기술 60점, 작품의 평가 30점이다.

■ 2015년부터 시행하게(예정) 될 신규과제 사전 공지

중식조리기능사	비 고
1. 유니짜장 2. 울면 3. 새우완자탕 4. 탕수생선살	2014.7.1. 사전 공개 2015.11. 부터 시행 (※공지되는 과제는 신규추가 예정과제이며 추후 변경될 수도 있습니다.)

중식조리기능사

과제 번호	과 제 명	시험문제 (1. 요구사항, 2. 수험자유의사항)		지 급 재 료	
		변 경 전	변 경 후	변 경 전	변 경 후
3	새우케첩볶음	1-나. 당근과 양파는 2cm 정도 크기의 편으로 써시오.	1-나. 당근과 양파는 1cm 정도 크기의 사각으로 써시오.	1. 작은 새우살	1. 새우살
4	생선완자탕	1-가. 완자는 흰살 생선과 달걀흰자, 녹말가루로 만드시오.	1-가. 완자는 흰살 생선과 달걀 흰자, 녹말가루를 이용하여 2cm 정도 크기로 만드시오.		
		2-1) 완자의 크기는 직경 2cm 정도이어야 한다.	삭제		
6	난자완스	시험시간 30분	시험시간 25분	1. 돼지등심~살코기	1. 돼지등심~다진 살코기
9	고추잡채			8. 양파 1개	8. 양파 1/2개
10	채소볶음	시험시간 30분	시험시간 25분		
12	짜춘권	—	1-다. 짜춘권은 길이 3cm 정도 크기로 8개 만드시오.		
16	옥수수탕	과제명~옥수수탕	과제명~빠스옥수수		

과제 번호	과제명	시험문제 (1. 요구사항, 2. 수험자유의사항)		지 급 재 료	
		변 경 전	변 경 후	변 경 전	변 경 후
		—	1-다. 빼소옥수수는 6개 만드시오.		
17	해파리냉채			1. 해파리 100g	1. 해파리 150g
				2. 오이 1개	2. 오이 1/2개
18	라조기			5. 양송이(통조림) 2개	5. 양송이(통조림) 1개
20	고구마탕	과제명-고구마탕	과제명-빠스고구마		
21	경장육사	1-가. 돼지고기는 길이 4~6cm 정도 의 얇은 채로 써시오. 다. 대파채는 길이 4~6cm 정도로 어슷하게 채썰어 매운맛을 빼고 접시 위에 담으시오.	1-가. 돼지고기는 길이 5cm 정도의 얇은 채로 써시오. 다. 대파채는 길이 5cm 정도로 어 슷하게 채썰어 매운맛을 빼고 접시 위에 담으시오.	1. 돼지고기 200g	1. 돼지고기 150g

참고문헌

박지원(2010), 중국의 차(茶)문화에 관한 연구, 조선대학교 대학원 석사학위논문, pp. 67-78.

방신영 저, 우리나라 음식 만드는 법, 청구문화사, p. 305 발췌.

신창식(2001), 13억 중국인의 민간비법, 건강신문사, p. 49.

안치언 · 복혜자(2011), 창업중국요리, 백산출판사, pp. 16-20, 46-57 발췌.

오미정(2008), 차생활 문화 개론, 하늘북, pp. 304-305, 308.

윤덕노(2007), 음식잡학사전, 북로드, p. 136.

이종기(2009), 이종기 교수의 술 이야기, 다할미디어, p. 299.

정윤두 · 복혜자 · 정순영(2009), 호텔중국조리, 백산출판사, pp. 20-27 발췌, 74 사진발췌.

조성문 · 김경환 · 서정희 · 황혜정 · 유경상(2007), 고급중국요리, 백산출판사, pp. 57-60.

중국문화원(http://www.cccseoul.org).

최영준(2004), 주류학의 이해, 기문사, p. 166.

최학(2010), 배갈을 알아야 중국이 보인다, 새로운사람들, p. 96.

편집부(2007), 자신만만 세계여행 중국, 삼성출판사, pp. 652-653.

■ 저자 소개

여경옥
경기대학교 외식조리전공 관광학박사
국가공인 조리기능장
중식조리기능장 실기시험 출제위원
경기대학교 조리외식과, 혜전대학교 호텔조리과 겸임교수
신라호텔 중식주방장
롯데호텔 중식총괄조리이사

정순영
숙명여자대학교 식품영양학과 박사과정
연세대학교 기능성식품영양전공 이학석사
한국조리기능장
영양사
장안대학교 식품영양학과 교수 역임
종로요리학원 대표
조리기능장, 조리산업기사, 조리기능사 감독위원

복혜자
고려대학교 식품학 이학박사
국가공인 조리기능장, 중고 가정과교사
조리기능장 실기감독위원, 조리제과제빵기능사 실기감독
한국관광협회 부회장, 한국조리학회 이사
동우대학교 호텔조리과, 배화여자대학교 전통조리과 겸임교수
고려대학교, 경기대학교, 세종대학교, 김포대학교, 교통대학교 외래강사

곽정순
동아대학교 식품영양학과 이학박사
국가공인 조리기능장
조리기능사, 산업기사 실기감독위원
한국국제대학교 강사
창원 문성대학교 강사
부산여자대학교 호텔외식조리학과 초빙교수

이정화
경성대학교 경영대학원 외식산업경영전공 석사
한국산업인력공단 조리기능사 감독위원
영산대학교 동양조리학과 외래교수
이가폐백 혼례음식전문점 대표

이재옥

한국국제대학교 외식조리과 학사
부산조리중앙회 전통분과 이사
세종외식연구소 강사
동래요리학원 원장

전혜경

동의대학교 대학원 외식산업경영 박사
국가공인 조리기능장
가야대학교 호텔조리영양학과 외래교수
부산광역시 여성회관 전임강사
부산조리고등학교 교사
동의대학교 외식산업경영학과 겸임교수

권귀숙

호원대학교 식품외식조리학과 학사
(사)세계한식문화관광협회 이사
(사)한국조리기능인협회 이사
대한민국 한식협회 이사
2011향토식문화대전 테이블세팅 대상 수상
종로요리학원 원장

고급호텔중국요리

2014년 1월 15일 초판 1쇄 인쇄
2014년 1월 20일 초판 1쇄 발행

저 자 여경옥 · 정순영
복혜자 · 곽정순
이정화 · 이재옥
전혜경 · 권귀숙

발행인 寅製 진 욱 상

저자와의
합의하에
인지첩부
생략

발행처 🔖 백산출판사
서울시 성북구 정릉3동 653-40
등록 : 1974. 1. 9. 제 1-72호
전화 : 914-1621, 917-6240
FAX : 912-4438
http://www.ibaeksan.kr
editbsp@naver.com

값 35,000원
ISBN 978-89-6183-828-3